君子之道

每一次重读都会有新的发现，
这就是经典。

君子之道

——中国人的处世哲学

高喜田　著
王少杰　治印

中华书局

图书在版编目(CIP)数据

君子之道:中国人的处世哲学/高喜田著;王少杰治印. -北京:中华书局,2011.8(2011.11 重印)

ISBN 978-7-101-08053-7

Ⅰ.君… Ⅱ.①高…②王… Ⅲ.人生哲学-通俗读物 Ⅳ.B821-49

中国版本图书馆 CIP 数据核字(2011)第 127146 号

书　　名	君子之道——中国人的处世哲学
著　　者	高喜田
治 印 者	王少杰
责任编辑	张继海
出版发行	中华书局 (北京市丰台区太平桥西里 38 号　100073) http://www.zhbc.com.cn E-mail:zhbc@zhbc.com.cn
印　　刷	北京瑞古冠中印刷厂
版　　次	2011 年 8 月北京第 1 版 2011 年 11 月北京第 2 次印刷
规　　格	开本 889×1194 毫米　1/32 印张 10¾　插页 4　字数 150 千字
印　　数	3001-6000 册
国际书号	ISBN 978-7-101-08053-7
定　　价	38.00 元

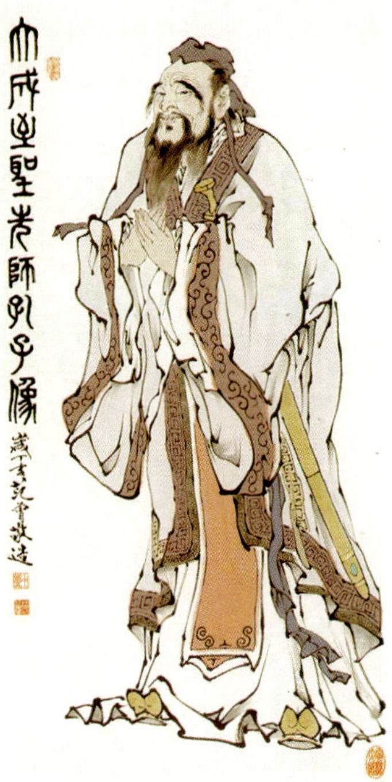

孔子像　范曾　画

泰嶽爲尊唯一人敢配
戊子年
孔丘固聖共千岫同瞻
范曾敬撰

目录

义——君子人格的价值尺度（*053*）

信——君子人格的操守准则（*176*）

道——君子人格的目标追求（*199*）

《君子之道》序言

纪宝成

我与高喜田夫妇很有缘份。上世纪八十年代中期，我在中国人民大学任副教务长时，就认识了在《中国教育报》负责高等教育报道的记者、喜田的夫人寇琪。九十年代我到国内贸易部教育司任职时，喜田刚从部队转业，在部直属单位做管理工作，我们算是同事。后来我到国家教委和教育部工作，又与寇琪多有工作上的联系。再后来我回到人民大学任现职，寇琪调到国务院新闻办公室工作。喜田在国内贸易部撤销后下海经商，数年前他曾邀请我去他所在的公司做过讲座，那时他正领导着北京最大也是最好的一家图片企业。近几年因忙于冗务，彼此音讯渐少。不料日前喜田夫妇突然造访，带着喜田沉甸甸的著作样稿——《君子之道》来请我作序。我翻阅了书稿，该书以《论语》中关于“君子”的论述为主线，纵论古今、语言活泼、新意迭见，又配以王少杰先生的篆刻作品，图文并茂，可读性强，值得为读者推荐，故乐为之序。

世界上没有任何一个民族像我们中华民族这样，文化传统生生不息，绵延不绝。数千年前祖先们创造和使用的语言文字，今天仍在使用；数千年来逐渐形成的道德观念和价值取向，今天仍在发挥作用。例如君子、仁、义、礼、智、信、恭、宽、敏、惠、温、良、俭、让等等。即使世世代代生活在深山里没有条件读书上学的老农，也懂得做君子不做小人的道理，也会教导子孙行仁履义不做伤天害理的事情。这就是渗透在中华民族血液中的中华文化基因。

自从2005年中国人民大学成立新中国第一所国学院以来，时常有人会问我什么是国学、重振国学有什么用等问题。我不是国学专家，只是一个国学的爱好者和国学教育的倡导者，对于国学并无精深的研究和造诣。在我看来，国学是中国固有的传统学术及其研究的学问，是中华传统文化的精华。它沉淀于历史的长河，而又升华于现代社会，既是延续传统的纽带，又是开创未来的阶梯。它固然是指依存于经典之内的知识及其体系，更是蕴涵着为人处世、齐家治国的世界观、人生观、价值观。我们所说的国学，乃是今人眼中的国学，乃是国际视野中的国学，乃是现代形态的国学。

国学是恢复我们中国人精气神儿的学问，是建设中华民族共有精神家园的重要资源。这股精气神儿，包孕在以唐诗宋词为代表的中华文学长河之中；蕴藏在以《周易》、《诗经》、《春秋》、《史记》等为代表的中华经学、史学传统之中；沉潜在以孔孟老庄为代表的中华哲学思想宝库之中。中国人只有秉承了这股精气神儿，才算得上是堂堂正正的炎黄儿女；中华民族只有凝聚起这股精气神儿，才能真正地傲然屹立于世界民族之林。这跟物质财富的多寡并无直接关涉。从这个意义上讲，国学乃文化之根、民族之魂。

近百年来，国学的地位遭贬低，国学的价值遭否定，国学的意义遭质疑，国学的前途遭抹黑，是个不争的事实。国学文脉在历史的重创之下几乎断裂，导致了我们整个民族的精气神儿也随之江河日下，就像一个人的脊梁骨受了重创而难以站立一样，社会的整体道德水平处于不断滑落和衰颓之中。金钱至上、物欲横流、道德沦丧的现象已不是少数。梁漱溟先生曾经指出："中国没有宗教，替代一个大宗教而为中国社会文化中心的，是孔子之教化。"这值得我们深思。

中国真正的读书人，自古以来就有一种担当的传统。中国历史文化，特别作为其主流的儒家思想，一向重视人的培养和规范，"一以修身为本"，意在使人成为一个有良心、有道德、有教养的人，成为一个对国家、民族和社会以及家庭有责任感和义务感的人，即"君子"。带着在中华文化长期浸润滋养下所铸就的精气神儿，历代君子们“穷则独善其身，达则兼济天下”。当他们步入仕途为官执政时，会以天下为己任，先天下之忧而忧，后天下之乐而乐，自觉实践修身、齐家、治国、平天下的抱负；当静坐书斋潜心学问之时，他们会以“君子儒”自勉自励，“为天地立心，为生民立命，为往圣继绝学，为万世开太平”。这些散发着我们民族理想人格魅力的君子，他们所秉承一贯的处世为人的原则，正是君子之道。

《君子之道——中国人的处世哲学》一书，是喜田先生厚积薄发的成果，字里行间充溢着担当的精神，且多有妙论。诸如“君子不器”“君子不党”“君子不施其亲”“君子和而不同”“君子之于天下也”等等，均有不俗之论，读者自能体悟。当然，文中某些观点不无可商榷之处，但能成一家之言，也难能可贵。

相信本书的付梓刊行，一定会给读者朋友带来思考和启迪。

2011 年 5 月于中国人民大学

自 序

从郑玄、何晏到朱熹、康有为，近两千年来，学者们为解读《论语》呕心沥血，皓首穷经。每当我们捧读《论语》，在领略孔子及其弟子们珠玉般的奇思妙语的时候，我们不能不对先哲前贤们的考据与注疏功夫心生敬意。但是，敬意归敬意，学术归学术。后人学习《论语》，或将不断有新的发现，新的体悟，这也正是《论语》的深奥与美妙之处。事实上，在有关《论语》的义理、意蕴甚至文本等很多问题上，学者们的看法是各不相同的，有的甚至长期争论不休，而至今仍未有定论。按照“审问之，慎思之，明辨之”的为学精神，我们有责任继续开发《论语》的价值，并对先哲们的论断提出质疑与检讨。

《论语》中有关“君子”的言论共107条。本书以“君子之道”为切入点，以当代视角，逐一解读孔子及其弟子们的“君子”观，试图阐释中华民族集体人格的早期公约，发掘深潜于华人内心历经数千年的风雨剥蚀而从未泯灭的高尚人格的内心修炼与处世哲学，从而开拓中华传统文化精髓对于现代社会生活的指导和参照意义。其中有些观点，不同于以往历代注家的解说。能否得到读者的认可，需要时间的检验。

承蒙著名篆刻家王少杰兄厚爱，赐以其精心篆刻的百枚“君子”系列印章作为配图。其中有数枚“铜刻”，为少杰兄所独擅。余为“瓷刻”，是其近年倾力研磨之蹊径。今一并呈献给读者，以资鉴赏中国篆刻艺术的魅力，亦与本书文字相映成趣。

1988 年，75 位诺贝尔奖获得者曾在巴黎发表联合宣言，呼吁全世界向孔子汲取智慧，以应对全人类所面临的生存挑战。2009 年 10 月 28 日，美国国会众议院以 361 票赞成，47 票反对，通过一项决议案：纪念孔子诞辰 2560 周年。2010 年 9 月 28 日，在孔子诞辰 2561 周年之际，中国国民党主席、台湾地区领导人马英九先生率百官赴台北孔庙，循古礼祭拜孔子，令人欣慰。我谨向签署巴黎宣言的科学家们和美国众议院那些投赞成票的议员们致敬！作为在西方文化浸润下成长起来的科学家和政治家，能够晓得孔子及儒家思想对于全人类的价值所在，殊为不易。作为回应，我谨以个人名义，向起草美国《独立宣言》的托马斯·杰弗逊、约翰·亚当斯、本杰明·富兰克林和法国《人权宣言》的起草者穆尼埃先生致以崇高敬意——在推动人类历史前进的意义上，他们与孔子一样，具有永恒的价值，值得永远纪念。

作者

夏历辛卯年谷雨识于京西虚旷斋

略论君子之道

一.“君子”源出

“君子”一词最早见于典籍者，当属群经之首的《易经》。《易·乾》九三：“君子终日乾乾”；《易·坤》：“君子有攸往”。伏羲画八卦，为我国文字的雏形；文王演周易，是我国文化的开端。《周易》“经文”中出现“君子”，说明周初“君子”一词已经习用。按语言学规律分析，早在商代甚或夏代即应有“君子”出现。《尚书·大禹谟》：“君子在野小人在位”，惜因《尚书》多篇所谓古文已被证为伪书，故不足为据。《诗经》中“君子”多见。如《诗·魏风·伐檀》：“彼君子兮，不素餐兮”；《诗·小雅·巷伯》：“凡百君子，敬而听之”等等。《诗经》成书晚于《易经》，其收集的是西周至春秋时期的诗乐歌谣，故其中所载“君子”，正如《尚书·酒诰》中“庶士有正越庶伯君子”及《尚书·无逸》中“君子所其无逸”一样，足以证明在整个周朝，“君子”已是普遍使用的词汇，这与《易经》在词汇学上的反映恰相吻合。考古发掘到目前为止所有出土的简牍，尚未见西周及其前代的实物。故现在我们只能说，“君子”源出于《易经》。

二.“君子”词义辨析

关于“君子”的涵义，历来解说纷纭。梁启超说：“君子二字其意甚广，欲为之诠注，颇难得其确解。”综合来看，“君子”应是指“掌握统治权力的人”，或“处于管理地位的人”，引申可指“地位高的人”或“名望大的人”，总之都是“贵人”。《礼记·玉藻》云：“古之君子必佩玉，……君子无故，玉不去身”，庶民百姓哪里有玉可佩。故王力先生指出：“最初君子是贵族统治阶级的通称。”考察先秦典籍，所谓“君子”，大多都是指“有位者”，即现今所称“当官儿的”。《论语》中被孔子直接称呼为“君子”的，其中蘧伯玉为卫国大夫，是级别很高的政务官；南宫适是鲁国三桓之一的孟氏传人，正宗的贵族；宓子贱也是官至“单父宰”，都不是普通人。季康子是与孔子同时代的鲁国贵胄，权力极大。虽然他品行很差，但孔子在跟他谈话时，还是依例称呼他“君子”。这说明在春秋及其以前的时代，“君子”的涵义主要是权力、身份、地位的标志，并不以“道德”之有无为裁量尺度。孟子说：“无君子莫治野人，无野人莫养君子”，证明到战国，也还如此。普通老百姓，即使道德再高尚，也是不会被称为“君子”的。后世有“素王”与“素君子”之称，前者如孔子，因其“有德而无位”；后者指道德才华可以为官却不得不混迹于乡野的人。可见“君子”一定是属于权力阶层的。在中华文化发轫之初，“君子”是人们对于为官者的称谓，其中所蕴含的道德要求，是全体社会成员对于权力阶层所抱持的理想期待。以后随着社会政治经济文化的发展，“君子”概念逐渐脱离了权力意义，成为普通民众的人格向往，形成中华民族的集体人格规范。今天我们所称“君子”者，纯指“有德者”而言，只是说某人有道德，有修养，已跟是否有官位毫无关联了。

当然，在先秦民间，也有妻子称呼丈夫为“君子”的，例如：“君子于役，不知其期”（《诗·王风·君子于役》）；也有女孩子呼情郎为“君子”的，例如：“既见君子，其乐如何”（《诗·小雅·隰桑》）；也有称呼普通男子为“君子”的，例如：“窈窕淑女，君子好逑”（《诗·周南·关雎》）；也有指军中将帅的，例如：“彼路斯何，君子之车”（《诗·小雅·采薇》）；也有称自己父亲为“君子”的，例如：“君子秉心，维其忍之”（《诗·小雅·小弁》）等等，不一而足。这些义项，大多数情况下对于我们理解“君子”、“君子之道”不会有太多干扰，这里姑且不论。

三.“君子之道”内涵撮要

“君子”一词在《论语》中共出现107次。“君子之道”作为固定词组在《论语》中虽仅出现3次，但细考所有有关“君子”的言论,无不与“君子之道”相生相发。所谓“君子之道”，即成就君子之途径，或用现代语汇解释，就是君子的核心价值观。十九世纪英国汉学家理雅各将“君子之道”译为“上等人的行为方式”，颇具域外特色，或可聊备一格。辜鸿铭先生说：“孔子全部的哲学体系和道德教诲可以归纳为一句话，即君子之道。”笔者以为“君子之道”内容鸿富，博大精深。兹仅就《论语》一书所及，揆其大要，或有如下数端：

仁——君子人格的道德根基；

义——君子人格的价值尺度；

礼——君子人格的行为规范；

知——君子人格的科学态度；

信——君子人格的操守准则；

道——君子人格的目标追求；

宽——君子人格的胸怀境界；

文——君子人格的修养风范；

不器——君子人格的独立精神（分论详见正文各章）。

例　言

一、将《论语》中有关“君子”的论述全部辑出，汇为一编，以便读者便捷了解“君子之道”。

二、每篇均先以“君子”为中心词列为标题，再援引《论语》（通行本）原文，标明【出处】；之后分别列【词语解释】、【白话译文】、【谈古论今】，加以解读、阐释。凡原文省约的文字，在白话译文的“()”内加以补充；“谈古论今”部分为本书著者观点，力争联系现实，批判继承。

三、原文训读部分，主要参考《论语注疏》（《十三经注疏》本）、《论语正义》（刘宝楠著）和《论语译注》（杨伯峻著）三书，间取他书，偶有本书著者管见。

四、《论语》中论及“君子之道”的内涵，是儒家关于君子的修养与处世理论的重要组成部分，但并非全部。本书仅就《论语》中的君子之道，略作梳理，大致分为九类，即：君子人格的道德根基、价值标尺、行为规范、科学态度、操守准则、目标追求、胸怀境界、修养风范、独立精神。难以归类的，列为“其它”。编排顺序以内容类别为主，原文先后为辅。

五、每篇标题旁加钤有关“君子之道”的篆刻印章，为津门篆刻家王少杰先生精心制作。

仁

君子人格的道德根基

君子人格的第一要义，就是必须具备爱心。儒家把这爱心归结为一个字——仁。孔子说："仁者爱人"。爱心的体现，首先是爱人——爱父母兄弟，爱姐妹同宗，爱邻里师长，爱同事友朋，爱同胞手足，爱异族异邦，爱弱势穷苦者，爱老迈残疾人，爱志同道合者，爱异见陌生人……总之，爱一切人。孔子管这种对人类普遍的爱心叫做"泛爱众"。当然，儒家承认这种爱是有差别的，它并不要求人们给予一个陌生人的爱和给予父母妻子的爱是同等的。这种有等差的爱虽然看起来不如墨家的"兼爱"境界高，但它却更为贴近实际，因而也更容易操作。孔子认为爱心的培养首先要从"孝"、"悌"开始，即从爱父母、爱兄长、爱亲朋做起——亲亲（前面的亲是动词，后面的亲是名词，指父母），由亲亲而亲民而亲天下。

爱心扩展开去，由爱人而爱物——爱花鸟虫鱼，爱草木走兽，爱山川河流，爱风雪雷电，爱地球，爱月亮，爱太阳系，爱银河系，爱宇宙，大爱无疆。孟子说："仁民而爱物"，"仁者，无不爱也。"（《孟子·尽心上》）这种由爱人而爱物而爱一切的心性，是构成君子人格的道德根基。如果失去这一根基，则其他一切均将失去凭依而与君子无涉。例如我们决不会称呼一个见死不救的人为君子，即使他拥有巨大财富或大权在握也白搭。因为他缺失了作为高尚人格的最根本的道德基础。在当代语汇中，我们经常会用"为富不仁""麻木不仁""不仁不义”等词句，来表达对小人的鄙视，说明今天的中国人，仍然以“仁”与“不仁”作为衡量人格的道德尺度。

作为执政者的君子，怀着忠爱恻怛之心，无条件地为全体公民求利益谋福祉，这便是仁的行为，这样的出发点变成国家的政策，政府的行动，这便是施仁政。孟子说：“仁，人心也。”“恻隐之心，仁之端也。”君子执政，必须具有对人民的同情之心，体贴之意，关爱之情。孟子说：“以不忍人之心，行不忍人之政，治天下可运之掌上。”杀一头牛都不忍看它觳觫的样子，更何况将一个无罪之人关进监牢或者送上断头台！孔子说，执政的道理，无非是仁与不仁罢了，就这么简单。（孔子曰：“道仁，仁与不仁而已矣。”）孟子总结尧舜禹三代政治得失的最根本经验教训，就是得天下是因为仁，失天下是因为不仁。（孟子曰：“三代之得天下也以仁，其失天下也以不仁。”）真正的仁者，就算只杀一个无辜的人即能得天下，他也决不会干。（“行一不义，杀一不辜，而得天下，皆不为也。”）依此标准衡量，秦以后的政治家，恐怕没有一个是真正的仁者。

仁是儒家的核心理念。孔子为实现“天下归仁”的理想而奔走呼号了一生。《论语》中讲到“仁”的地方，达 109 处之多。其中直接将行仁爱人列为君子道德首义的就有十几处。君子行仁，主要表现为：珍惜人的生命；尊重人的权利；宽恕人的过失；对优秀者抱持由衷赞美与鼓励之意，对贫弱落魄者深怀同情怜悯之心；居庙堂之高，须施仁政、行善举，修己以安人以安百姓，克制个人及集团私欲，实现天下为公；处江湖之远，也须修内守善，积仁致道，锤炼以仁为核心的道德自觉。即使没有条件接受基本教育的普通百姓，也须恪守"孝亲"的道德底线。

仁是孔子为我们中华民族提炼、培植的道德基因，应倍加珍惜。

笃于亲 / 瓷 摹印篆

君子笃于亲则民兴于仁

出　　处：《论语·泰伯篇第八》原文：子曰："恭而无礼则劳，慎而无礼则葸（xǐ），勇而无礼则乱，直而无礼则绞。君子笃（dǔ）于亲，则民兴于仁；故旧不遗，则民不偷。"

词语解释：笃：本义为马行顿迟(《说文》)。引申为厚，厚实，深厚，敦厚。用于思想品行，可解为忠实，厚道，专一，深切等。亲：父母。

白话译文：君子厚待父母，那么民众就会学习效法，形成仁爱和谐的社会风气。

谈古论今：《论语》中的"君子"，绝大多数情况下是指"有权位的人"，这里当然也不例外。先秦儒家十分重视领导的带头作用，认为社会的和谐稳定，关键在于各级掌握权力的"君子"，是否具备"仁德"。所以有关君子的道德品行修养等等，主要是对权势者的要求和规定，很像现在的“干部守则”。这句话里的“亲”，是指父母。先秦典籍中，“亲”除了指父母外，有时也泛指其他亲属甚至身边的人，例如“君子不施其亲”。“笃于亲”，就是对待父母长辈，要孝顺、恭敬、忠诚、敦厚，这个意思，儒家经常用“孝”来表述，就更为通俗朴实，容易理解。一个人，从小就懂得孝敬父母，友爱兄长（这个意思叫做“弟”，即“悌”），那么他长大后一般说就不会乱来，当了官，就会像对待父母兄长一样对待百姓，就会施仁政，老百姓的日子就会好过，这在逻辑上是讲得通的。所以孔子的好学生之一有若在畅谈自己学习“仁学”的体会时深刻地发挥道：“其为人也，孝弟而好犯上者，鲜矣；不好犯上而好作乱者，未之有也。”（杨伯峻先生的白话译文是：他的为人，孝顺爹娘，敬爱兄长，却喜欢触犯上级，这种人是很少的；不喜欢触犯上级，却喜欢造反，这种人从来没有过。）东汉时有“举孝廉”的干部制度，就是把那些孝敬父母特别有故事的人，直接提拔到领导岗位上，这或许是把儒家思想变成国家政策的例证。

君子必须是心地善良的人，按佛家的说法是“慈悲为怀”，西方叫做“博爱”。君子若能以良好的行为做出榜样，普通百姓就会步其后尘模仿跟从，所以君子的示范作用对于构建和谐社会是极其重要的。孔子说过：“君子之德风”（《论语·颜渊》）是说统治者的道德，就像风一样会影响到社会的每一个角落。有权人如果能像对待父母一样对待那些住不上房的、吃不上粮的、无奈告状的、受冤上访的人，则很多社会矛盾就会化解，恶性案件也不会频繁发生。所以一切社会问题的根源，在于执政者自身的修养与示范。儒家主张“内圣外王”，就是要求做“王”的人，必须锤炼自己的内心道德达到圣人的境界，否则就不配君临天下。按照这种标准，中国几千年来数百位皇帝,恐怕没有几个合格的。因此儒家的理想，多少有些乌托邦的味道。

邓小平说过他是中国人民的儿子。现在有些地方的干部，他们不再把自己当作人民的儿子，而是反过来，把人民当成他们的儿子。近几年因为房地产的暴富效应而导致的各地竞相拆迁的悲剧表明，从前的“儿子”早已变成“老子”，过去自以为是“老子”的，如今翻身成为“孙子”。伦理已经乱了套，正是孔子担忧的局面——父不父子不子。

作为普通百姓，不管我们是打工还是经商，无论到什么时候，都必须秉承孝敬父母、友爱同辈的传统道德。在此基础上，帮助有困难的人，在公共汽车上给老年人和妇女让座，爱护环境，不消费用珍稀动物毛皮制成的衣料、饰品等等，不断行仁积善，成就君子人格。这是天经地义，也是我们内心的需要。不可否认的是，如今我们的物质生活水平虽然大大提高了，但很多美好的传统道德却也大大地退步甚至衰落了。比如“仁爱”“孝弟”这样的美德，至今仍然不能登大雅之堂，似乎还是处在“封建糟粕”的地位。与之相呼应的，是孝敬父母的风尚越来越淡漠了，以至于最近有舆论称要把“常回家看看”写进法律，以保障父母享受儿女孝敬的权利。这一小小侧面，反映出中国传统道德的悲凉与无奈。至于见死不救的屡屡发生，说“道德沦丧”也不为过。

必须指出，儒家的很多理念原本是很好的，但是被后世的封建统治者歪曲利用，成为他们维护统治地位的理论工具。比如孝敬父母本来很好，可后来变成效忠帝王的“君纲”，就糟糕透顶了。请注意，先秦儒家从来没有提出过“君为臣纲”这样荒诞的理论，所以孔子背着骂名是很冤枉的。孔子曾对齐景公说过“君君、臣臣、父父、子子”，意思是君要像个君的样子，臣才能尽到臣的职责。如果君是昏君，怎能要求臣做忠臣呢？孔子在这里主要是对“君”提出高标准、严要求。帝王们总是希望把属下臣民都训练成温顺的羔羊，没脑子的木头，甚至丧失人格的奴才，这样才省心。不过这样的民族，即使很富有，也不会赢得世界的尊重。

君子之德风 / 瓷 摹印篆

君子之德风

出　　处：《论语·颜渊篇第十二》原文：季康子问政于孔子曰：“如杀无道，以就有道，何如？”孔子对曰：“子为政，焉用杀？子欲善而民善矣。君子之德风，小人之德草。草上之风，必偃。”

词语解释：德：道德，品行。偃：仆，倒。

白话译文：君子的品行像风一样（老百姓的品行就像草。风从草上吹过，草必定跟着倒）。

谈古论今：作为鲁国的政府首脑，季康子向孔子请教执政的学问。他说：“如果把坏人都杀掉，使百姓害怕而不得不守规矩，这样做您看怎么样？”孔子说：“您何必总想着杀人呢？您只要肯为仁行善，老百姓自然就会跟着行善。领袖的品德好比风，平民的品德好比草。风从草上吹过，草就必定跟着倒。”这里的君子，仍然是指有权力地位的领导者。领导人的品德修行好了，属下和百姓就会学习、模仿；领导人如果真的作风正派，做事公道，肯真心为百姓做善事、谋福祉，老百姓自然就会拥戴他。以德治国，民风归厚，哪里会有那么多的犯罪？

在鲁哀公的时代，鲁国的政权实际上掌握在季康子的手中，他的职务（上卿）相当于首相。季康子名肥，“康”是他的谥号。他和叔孙氏、孟孙氏三家贵族一起，依仗雄厚的经济实力和政治资源，搞起摄政专权的把戏，把真正的国家元首鲁哀公搁在一旁，形同虚设。这在政治上是“违礼”，在道德伦理上是“不忠”。 孔子在心里是鄙视季康子的，但面上还要过得去。他用了“劝善法”，面上是劝导季康子以德治国以善治政，建设良好的执政作风，暗里在讽刺批评季康子的不善不正：你身为人臣，对元首不忠，你怎能要求属下百姓对你忠呢？你身为当权者，自己不正，怎能要求百姓都正呢？在给季康子解答什么是“政”的时候，孔子几乎直接亮出锋芒：“政者，正也。子帅以正，孰敢不正？”对于季康子十分犯愁的盗贼猖獗的问题，孔子说：“苟子之不欲，虽赏之不窃。”语锋犀利，直指季氏痛处——你本身就是个窃国的大盗，怎能制止小偷小摸？所以你即使杀再多的人，也无法树立起良好的社会风气。如果你真的想要往好处走——“子欲善”，那就从根本上做起——把权力归还给鲁君，规规矩矩地做你的上卿。这样做就是善举，百姓自然也就会改变看法。正人先正己，就像“风吹草低”一样，执政者的德行可以左右社会的风气。东风吹过，草向西倾，西风来了，草向东伏，你做得到吗？

面对一个炙手可热的政治权势人物，孔子不卑不亢，以风和草的关系作比喻，给季康子上了一堂生动的理论学习指导课。

君子哉 / 石 小篆

君子哉若人尚德哉若人（一）

出　　处：《论语 · 宪问篇第十四》 原文：南宫适(kuò)问于孔子曰：“羿善射，奡(ào)荡舟，俱不得其死然。禹、稷躬稼而有天下。”夫子不答。南宫适出，子曰：“君子哉若人，尚德哉若人！”

白话译文：（南宫适）这个人啊，真是个君子，这样崇尚道德！

谈古论今：在孔门众多弟子中，被孔子直接称赞为“君子”的，不过三五人而已。这个南宫适就是其中之一。南宫适，复姓南宫，名适，字子容（又字敬叔），通常称其为南容。这个南容出身贵族。往远了说，那是周公的后代；往近了说，他父亲是孟僖子，大名鼎鼎的“三桓”之一孟氏这一支的传人。鲁昭公当政的时候，孟僖子身居“司空”要职，曾陪同昭公出访楚、郑等国，办理外交事务。工作中孟僖子深感自己学养不足，特别在礼仪方面出了不少纰漏，未能给鲁国争光。因此他在死前，特意安排两个儿子拜孔子为师，老大叫孟懿子，老二就是这个南宫适。《论语》中对这二位的言行均有记录。

南宫适曾随孔子西行洛阳，到周王朝的首都去向礼学大师老子学习周礼，并经老子介绍，向宫乐大师苌（cháng）弘学习音乐，见过大世面，受过名师的指点。加上他好学深思，言语谨慎，很快就成为孔门弟子中的翘楚。孔子认为他能做到“邦有道，不废；邦无道，免于刑戮”——政治清明时代，他的才华可以得到发挥，为天下做出积极贡献；政治黑暗时，凭他的聪明智慧，也会躲过刑戮，免受杀身之祸。就像卫国的大夫宁武子一样，“邦有道，则知（智）；邦无道，则愚”。孔子非常喜欢这个年轻人，亲自主持把自己的侄女嫁给了他（《论语·先进》：南容三复白圭，孔子以其兄之子妻之）。

南宫适在这里是向孔子请教有关治国理政得失的大思路大智慧：是拥有强大的武力征服天下好呢，还是给人民办实事办好事更有利于政权的取得和巩固呢？有趣的是南容并没有直截了当地提问，而是仅仅叙述了几个大家熟知的历史现象：神箭手羿和大力神奡，勇武超人，战功卓著，但他们没得好死，下场悲惨。神射手羿是有穷国的国君，他灭夏篡位，被义子寒浞（zhuó）所杀；大力神奡是寒浞之子，寒浞弑羿篡夏，其政权得来不义。

其子奡虽力大无比，终不能挽救其败亡之命。父子均被夏的后人少康所杀；而兴修水利勤勉治水的大禹和教民稼穑大力发展农业的后稷（周人的先祖）却得了天下，最终成为圣者。南容话说到这儿就打住了，并没有“为什么呢”等候老师的答案。孔子听后以沉默作为回应。等到南宫适走后，孔子由衷地赞叹道：“君子啊，这人真是君子啊！”

在现代民主政治产生之前，一个党派或者一股政治势力乃至一个人要想夺取政权，必须依靠武力（加阴谋）；而巩固政权治理天下，则要依靠文化道德，所谓“文治武功”。如果夺取政权以后，统治者的思想还停留在武功时代，也就是枪杆子意识太强，靠炫耀武力来剪除异己统一思想，这样的政权，一定长久不了。儒家思想从产生的初期，就是崇德抑武的，所以儒家思想有利于巩固政权而不利于夺取政权；有利于持节保守而不利于激进变革。考察中国数千年的社会演变历史，会发现这样一个规律：台下的往往反孔，台上的喜欢尊孔。夺权前孔子算老儿，没人搭理。掌权后孔子成了神，被顶礼膜拜。儒家思想特别注重道德建设，主张以德治国，强调统治者的道德修养水平具有引领社会风气的作用——君子之德风，小人之德草。如果执政党的党风正派了，政风正派了，那么民风自然就跟着正派了。孔子在回答季康子问政时说："政者，正也。"欲正天下，必先正己。在本章中，南宫适平静的叙述已经强烈地传达出他对道德力量的深刻领悟力。宋人的疏解指出，本章主旨是"贱奡羿之不义，贵禹稷之有德"。所以孔子在称赏南宫适为"君子"之后，又加一句"尚德哉若人！"点出了君子所崇尚的，正是儒家的追求。

君子哉若人 / 瓷　甲骨文

君子哉若人（二）

出　　处：《论语·公冶长篇第五》原文：子谓子贱："君子哉若人！鲁无君子者，斯焉取斯。"

白话译文：这个人真是个君子啊！

谈古论今：子贱，姓宓（fú），名不齐，子贱是其字，鲁国人。司马迁说他比孔子小30岁，《孔子家语》说他比孔子小49岁。

孔子有弟子三千，贤人七十二。但直接被孔子呼为"君子"的，不过三五人而已。前文已有南宫适，此处又点到宓子贱。宓的道德修行之高，是少有能与之比肩的。他曾经担任过"单（shàn）父宰"，相当于山东省单县的县长。他用无为而治的办法来治理地方，取得了惊人的政绩。《说苑》有这样的记载："宓子贱理单父，弹琴，身不下堂，单父理。巫马期以星出，以星入，而单父亦理。巫马期问其故。宓子贱曰：'我之谓任人，子之谓任力。任力者劳，任人者逸。'”（宓子贱在单父执政时，每天只是弹琴，足不出户，结果单父治理得很好。后来巫马期到单父为政，披星戴月地操劳，也治理得很好。巫马期问宓子贱是什么缘故，子贱回答说，我善于任用能人，你只会卖力气。卖力气会很累，用好了人就会轻松。）据说子贱是个仁爱智慧的人，且弹得一手好琴。他利用自己的特长，就像子游在武城一样，大力推行礼乐教化，每天只弹琴作乐（yuè），靠音乐的力量感化人心，规范民众的行为，引导民众向善弃恶，形成安定团结和谐繁荣的社会景象，被誉为“鸣琴而治”的政治家。其实子贱所做的工作，要远远超过“鸣琴”，“鸣琴而治”只是人们看到的表面现象。他轻赋役，赈困穷，举贤能，退不肖，以实际行动树立廉洁的执政作风，从而赢得民心，是其成功的关键。《孔子家语》记载子贱在单父尊重当地贤才，拿着当父亲一样孝敬的有三人，当兄长一样恭敬的有五人，当亲密朋友般对待的有十一人。孔子当然喜欢这样的学生了，不仅直接称呼他“君子”，并且认为子贱的道德才华“堪比尧舜”，可以担当更大的责任，治理更大的地方——“惜哉不齐所治者小，所治者大则庶几矣。”

孔子在这里说，子贱这人真是个君子啊！谁说鲁国没有君子？如果鲁国无君子的话，那么子贱是从哪里来的呢？孔子应是在批判当时某种诋毁鲁国的论调吧。

鲁无君子者 / 瓷　摹印篆

鲁无君子者

（见前文《君子哉若人（二）》）

务本 / 瓷　小篆

君子务本

出　　处：《论语·学而篇第一》原文：有子曰："其为人也，孝弟而好犯上者鲜矣；不好犯上而好作乱者未之有也。君子务本，本立而道生。孝弟也者，其为仁之本与。"

词语解释：务：做，干，从事。本：根本，基本，最重要的基础。道：为人处事的准则。

白话译文：做君子的，一开始就应当专心致志地把做人的基础打牢。

谈古论今："务本"就是抓根本，打基础，定方向。现今人们常说"先做人，后做事"，务本就是解决做人的问题，其实就是个道德根基问题。企业招聘员工，老板最看重的，是员工的道德修养有无瑕疵，其次才是专业、才干、能力。有子本章讲"君子务本"，是强调君子必须在道德修炼上做足功课，下足气力。只有基础打牢夯实了，未来才有可能成就大业——本立而道生。

那么什么是君子所应当务的本呢？有子指出："孝弟也者，其为仁之本与。"就是通过"孝"与"弟"的练习、培养，逐渐形成仁的品行，达到君子的道德标准，这就是务本，现今我们叫"培养爱心"。爱心的树立，从哪里做起呢？就先从孝敬父母、友爱兄长做起吧。父母的养育之恩，终生感念不忘。在父母身边的时候，永远保持和颜悦色、温婉恭顺的态度（这一点做起来是很难的。子夏有一次问孔子什么是孝，孔子回答他说"色难"）；有好吃的先请父母吃，有享受的先尽着父母用；向阳的大屋让父母住；有艰苦的劳作，我冲锋在前，让父母歇着；对父母的意志，无条件遵从与执行（请千万别抬杠说如果父母指示去干坏事也要无条件执行吗）；不得已别离父母时，远隔千里，心中时刻牵挂父母的健康，经常嘘寒问暖，汇报自己的工作、生活、所见所闻，书信、电话、视频往来不断；逢年过节，或有长假，或出差路过家门，只要有机会，即回到父母身边，哪怕给爸爸理理发，帮妈妈剪剪指甲，洗洗碗，擦擦地——都是在恪尽天职，积德行孝。对于兄长，聆听他的教导，服从他的指挥，关怀他的疾苦，照顾他的生活——此谓"弟"，即"悌"。身为父母的子女，兄长的弟妹，这是必须恪守的道德，应该从小就加以训练。有了这样的基础，走上社会，自然就会将孝弟的修养用之于社会。犯上作乱的事，一般来说是找不上他的。这样的人做你的同事，你会很愿意选他做接班人（即使他的能力不那么强）。这样的人当了领导，一般来说不会对老百姓动粗。——仁民爱物，君子务本，这正是儒家想要的育人用人模式。可惜现今我们的教育，只注重知识的灌输和应试技巧的提高，忽略人格道德的熏陶培养，这是很糟糕的。严重点说，这是对民族前途不负责任。

儒家的孝弟学说，在汉代以后数千年的中国历史中，影响巨大而深远。其功过是非，岂可一言以蔽之！在台上的统治者，希望江山永固，自然要求臣民由孝而忠，唯唯诺诺，不作非分之想，不思革新创造，因而尊孔崇儒是为要务；在台下的革命者，要推翻现有秩序，夺取政权，必然要高举“造反有理”的旗帜，冲破一切思想束缚，而孝弟学说、仁义之道、秩序尊卑、纲常伦理必然被羞辱、被唾弃。因此孔孟的荣辱盛衰，经常伴随着强烈的功利色彩。平心而论，儒家学说，有积极的一面，也有消极的一面；其主流是精华，是中华文明的基石。但其中也有糟粕，必须加以扬弃。过去根据革命需要，只讲糟粕，不讲精华，只有批判，没有继承。今天从中国人的孝道意识、伦理意识、长幼尊卑意识、礼节礼貌意识都较为淡薄的现实来看，应以倡导继承为主，在继承中批判。

做君子要务本，执政兴国要务本，即使养生保健也要务本——中医有“培元固本”的理论。看来人生处处离不开本，做人必须学会分清什么是本，什么是末，切不可做舍本逐末甚至本末倒置的事情。

怀德 / 瓷 小篆

君子怀德，小人怀土

出　　处：《论语·里仁篇第四》原文：君子怀德，小人怀土；君子怀刑，小人怀惠。

词语解释：怀：考虑，惦记，牵挂。德：道德。土：土地，居住地，引申为所处之安。刑：法制，规矩。惠：恩惠，利益。

白话译文：君子以弘扬道德为己任，小人贪图安逸不思进取；君子关心的是法律秩序，小人考虑的是恩惠小利。

谈古论今：曾子说："士不可以不弘毅，任重而道远。仁以为己任，不亦重乎？死而后已，不亦远乎？"君子因为目标高远，重任在肩，所以总是勤奋耕耘自强不息。有枕戈待旦者，有闻鸡起舞者，有宵旰（gàn）夜食者，有鞠躬尽瘁者。小人因为目标浅近，易于达到，所以常有小富即安者，知足常乐者，安于现状者，好逸恶劳者等等。这段话，通行本《论语》标为“子曰”，即历来认为是孔子所说。但有学者考证认为，此“亦周公谓鲁公之语”。(参见石永楙著《论语正》)作为高干子弟的伯禽(周公的儿子)，其物质生活之富足当然是没的说了，其政治地位自然也是常人所不能比的。但若论精神境界，道德意识，文化修养，人格魅力，能否与其地位相匹配，且要担当重任，就未必能够令老一代政治家放心了。鲁国作为周公的分封地，儿子要远离首都安逸的生活，到鲁国去做“总督”，身为圣人的周公，当然是放心不下。所以要一再叮咛，反复嘱托，恨不得把自己丰富的政治经验和道德修炼心得，一股脑地灌输给儿子。希望他仁民爱物，明德修性，勤政为民，自强不息，而不要贪图安逸，声色犬马；希望他敬天畏地，遵纪守法，而不要受贿枉法，滥用权力。总而言之，要做君子，走正道，远小人，避歧途。

也许是从小在圣人跟前耳濡目染，饱受熏陶，也许是周公苦口婆心耳提面命谆谆教诲收到效果，伯禽到鲁国后，果然不负圣意，创造了很好的政绩，三年后交出了一份漂亮的答卷。据现有史料看，伯禽在鲁国，当时面临着稳定政治局势、扫除敌对叛逆、建设国防屏障卫佑中央政权以及繁重的经济建设和文化建设任务。伯禽在上述各个领域都卓有建树，赢得了鲁国人民的拥戴和中央政府的赞赏。《尚书》中收录的《费（bì）誓》，就是伯禽在率军出战前的动员令。可见伯禽德才兼备智勇双全，是一位出色的政治家。作为第一代“鲁国公”，伯禽是应该受到山东人民纪念的。

今曲阜城南七里有伯禽墓。

不施其亲 / 瓷 小篆

君子不施其亲

出　　处：《论语·微子篇第十八》原文：周公谓鲁公曰："君子不施其亲，不使大臣怨乎不以。故旧无大故，则不弃也。无求备于一人。"

词语解释：施：同弛，放松。弓弦放松时的状态为弛，引申为放纵、放任、宽宥、赦免。

白话译文：君子对亲属不放纵。

谈古论今：这是《论语》里记载的周公对自己的儿子伯禽说的一段话。这段话司马迁作《史记》时收录在《鲁周公世家》中，汉文帝时的博士韩婴所作《韩诗外传》也专立一篇叫作《周公诫伯禽》，是很著名的诫子格言。

周公是孔子崇拜的偶像，是早于孔子五百年出生的圣人。周公姓姬，名旦，是周文王姬昌的第四子，周武王姬发的同母兄弟。他品德高尚，才华横溢，协助武王推翻商王朝，建立周王朝，功盖天下，就像是三国时代蜀汉的诸葛亮。在周朝创建初期，周公日夜操劳，协助武王制定了一系列正确的路线和政策，奠定了周王朝数百年的执政基础。周公还是个军事家，能亲自带兵打仗。在武王死后，他辅佐武王的幼子成王继位，顶住谣言摄政平叛，为巩固周王朝政权立下辉煌功勋。周公有很多美德至今仍被中国人称颂。例如“一沐三握发”（说的是周公正洗澡的时候若有人来访，他能握着湿漉漉的头发出来接待。有时候洗一次头发的时间要接待三拨人呢）、“一饭三吐哺”（吃饭的时候若来了客人，他连嚼咽下去的时间都不肯耽误，吐出口中的饭食，出来接待），表现了他礼贤下士求才若渴的精神，成语有“周公吐哺天下归心”一词，流传至今。

周公的儿子叫伯禽，要到封地鲁国去上任，就是本章所说的“鲁公”，其职位大约相当于现今的省委一把手吧。鲁国本是周天子分封给周公的地盘，但因为周公有中央的职务离不开，所以把他的儿子伯禽派去。《史记》记载：“封周公旦于少昊之虚曲阜，是为鲁公。周公不就封，留佐武王。”这一段，就是周公在伯禽临行前嘱咐他的话。共有四条要求：第一“不施其亲”，就是不要放松对亲属的管束，任由他们胡作非为；第二“不使大臣怨乎不以”，别让干部都牢骚满腹怨声载道；第三“故旧无大故，则不弃也”，手下人若没大的过错，就不要轻易让人家下岗；

第四“无求备于一人”，看人别求全责备，用其所长就好。

关于“不施其亲”的解读，历来众说纷纭。何晏《集解》引用前人解释，把“施”解为“易”，意思是“君子为国不以他人之亲易己之亲，当行博爱广敬也”；朱熹注采用陆氏本将“施”训作“弛”，解为“遗弃”——君子不遗弃亲属，被后世大多注家所采纳。例如杨伯峻译为“君子不怠慢他的亲族”（《论语译注》），也有译为“君子不疏远自己的亲族”的（季潇苑《论语通译》），大同而小异，皆属朱子一脉。

《论语正》作者石永楙，对何晏、朱熹所谓“易”，所谓“遗弃”的说法予以否定，认为其“皆非经旨”。石氏称：“施或弛，皆赦宥之义。”意思或为：君子（此处的君子当指有位者，即掌权人）对自己的亲族不应放松管束，任由其枉纪乱法而不加刑。若亲族中有人犯了罪错，决不应利用权力予以赦宥（所谓“王子犯法与庶民同罪”，有点“法律面前人人平等”的意思）。从前的亲族，主要是指血缘宗法关系以及乡党。现在的亲族，范围大大地扩展了。除了父母（包括岳父母）族、兄弟族、妻儿族、同学族、乡党族以外，还有秘书族、二奶族以及利益攸关族等等，不可胜数。作君子的，如果真能把这些人都管束好了，则离党风清、民风正就不远了。故“赦宥”一说，较为可取。

远其子 / 瓷 金文

君子之远其子也

出　　处：《论语·季氏篇第十六》原文：陈亢问于伯鱼曰："子亦有异闻乎？"对曰："未也。尝独立，鲤趋而过庭。曰：'学《诗》乎？'对曰：'未也。''不学《诗》，无以言。'鲤退而学《诗》。他日，又独立，鲤趋而过庭。曰：'学礼乎？'对曰：'未也。''不学礼，无以立！'鲤退而学礼。闻斯二者。"陈亢退而喜曰："问一得三：闻《诗》，闻礼，又闻君子之远其子也。"

词语解释：远：淡远，疏远。

白话译文：君子对自己的亲儿子采取淡远的态度。

谈古论今：孔子唯一的儿子名叫鲤，字伯鱼。据说生他的时候，鲁国国君鲁昭公送来一条鲤鱼作为贺礼。对于年仅二十岁，身为基层仓库管理员的孔子来说，能够得到国家元首的礼物，无疑是莫大的荣耀了。于是给儿子取名鲤，以示纪念和感恩之意。这就可以理解为什么当有人对鲁昭公是否知礼表示质疑的时候，孔子不惜牺牲自己著名礼学专家的名声而为元首辩护了（见《君子不党》）。

作为孔圣人的儿子，孔鲤当然是近水楼台先得月。除了公共课以外，孔子一定会给孔鲤单开“小灶”，秘传某些东西给儿子，好让他在“起跑线”上领先一步——这是一般人都会这么想的。本章中的访问者陈亢（子禽），就是来向孔鲤打听这方面内容的：

陈亢问孔鲤说：“你听没听到过老师的特殊教诲呢？”孔鲤说：“没有。父亲曾经独自一个人站在那里，我从庭前快步走过的时候，父亲问我说：‘你学习《诗经》了吗？’我回答说：‘没有。’父亲说：‘不学《诗经》，就说不出高雅得体的话来。’我回去后就开始学《诗经》。又有一次，我从父亲跟前过，父亲说：‘你学礼了没有？’我说：‘没有。’父亲说：‘不学礼，就无法立身处世啊。’我后来就开始学习礼。我单独听到父亲的教诲也就这么两次。”陈亢回去之后，兴奋地总结道：“我问了孔鲤一个问题，却得到三点收获：第一，我懂得了学习《诗经》的意义；第二，我明白了学习礼的价值；第三，这一点最重要，我知道了君子不会偏爱自己的儿子。”

孔子在私下里教导自己儿子的两点“指示”，其实并无什么特别之处，更无秘传可言。关于学诗和习礼的重要意义，他在《论语》里曾多次公开向弟子们讲过。从孔鲤反映跟父亲在亲密接触过程中的情况看，孔子对待自己的儿子如同对待其他弟子一样。反过来也可以说，孔子对待所有的弟子就如同对待自己的儿子一样。这前后两句像是车轱辘的话，意义分量是有所不同的。后一句虽然也需要大胸怀、大慈悲，但历史上毕竟还是有不少人做到了。中国人说的“爱民如子”、“推己及人”、“幼吾幼以及人之幼”等等，都是这个层面的事。但前一句，若再放大些，就是“待子如同天下人”，这可就难了。如果不是圣人，不是佛陀，是决难达致此等境界的。如此看来，儒家所谓“有等差的爱”比起墨家的“兼爱”，有时候也并不逊色。看一看当下有些为人父母者，为了子女绞尽脑汁，呕心沥血，趟路子，托门子，甚至不惜铤而走险，以身试法，就可知时风离圣人的境界有多么遥远了（例如有人在公务员考试中大做手脚，有人弄权安排子女进国企或事业单位，有人让子女冒他人之名上大学等等,不一而足）。至于“富二代”之招摇奢华,“官二代”之袭爵无忌,其背后操弄之黑手靠山,已是秃头上的虱子,尽人皆知。

儒家本有“公天下”的政治理想，对夏禹及其以后的“家天下”政治深恶痛绝。所以孔子之“远其子也”，或许含有对当时政坛“传子不传贤”的丑陋体制的批判态度。

学道则爱人 / 瓷 金文

君子学道则爱人

出　　处：《论语·阳货篇第十七》原文：子之武城，闻弦歌之声。夫子莞尔而笑曰："割鸡焉用牛刀？"子游对曰："昔者偃也闻诸夫子曰：'君子学道则爱人，小人学道则易使也。'"子曰："二三子，偃之言是也！前言戏之耳。"

白话译文：君子学习并掌握了正规的礼仪后就会懂得如何关爱别人。

谈古论今：孔子的学生子游在武城（今山东费县西南）做了县长（武城宰），他按照孔子所教授的规范在全县推行礼乐。子游姓言，名偃，字子游，亦称"言游"、"叔氏"，春秋末吴国人（今江苏常熟存有"言偃宅"、"言子墓"等遗迹），比孔子小45岁，与子夏、子张一样，都是孔子国学院少年班的高材生。子游文采极好，是杰出的外交家，被称为"孔门十哲"之一，后世被追封为"吴侯"、

“丹阳公”，又称“吴公”。

孔子到了武城后，听到满城尽是雅乐笙歌，觉得有点搞笑：这么巴掌大的一块地方，弄得这么煞有介事，小题大做了吧？于是笑笑说：“子游同学呀，你是杀鸡用了宰牛的刀吧？”（这就是著名成语“杀鸡焉用宰牛刀”的出处。）子游本以为自己的施政表现会受到老师的褒奖呢，不料却被老师一顿讥讽，心里自然不是滋味。他不动声色谦恭地说：“以前学生我曾听先生您说过：‘君子学习了正规的礼仪就会懂得如何去关爱他人，小人学习了礼仪就会听从指挥，规范行为’，我记得没错吧老师？”这子游不愧是孔子的学生，他引用老师曾经说过的话，把老师眼下的不当言论给予了巧妙的反驳。意思是说，我这么下力气实践您所推崇的礼乐制度，从根本上培养百姓的道德基础，这难道不妥吗？孔子马上意识到自己说了错话了，立即对身边其他学生说：“你们几位听着啊，子游这话说得对！我刚才是在开玩笑呢。”

礼乐教化其实就是现在我们说的通识教育或者公民教育，是培养和熏陶民众的基本价值观和基础道德感的教育形式。无论到什么时候，大力发展教育特别是公民教育，都是为政者正确的施政选项。县长也好，省长也罢，首相也好，总统也罢，任何一个有远见的政治家，都不应当忽视教育，尤其是有关道德培养的教育。这是做人的根本，是关乎培养什么样的人的主旋律、大目标。辜鸿铭先生说："要估价一个文明，我们必须问的问题，不在于它是否修建了和能够修建巨大的城市、宏伟壮丽的建筑和宽广平坦的马路；也不在于它是否制造了和能够造出漂亮舒适的家具、精致实用的工具、器具和仪器，甚至不在于学院的建立、艺术的创造和科学的发明。要估价一个文明，我们必须问的问题是，它能够生产什么样子的人（What type of humanity）、什么样的男人和女人。"（辜鸿铭《中国人的精神·序言》）现在的教育，主要是围绕高考，把学生培养成答题的机器，而真正做人的根本，则少有顾及，真是舍本逐末。若子游活在当下，一定会深表忧虑吧？

周急不继富 / 瓷 古玺

君子周急不继富

出　　处：《论语·雍也篇第六》原文：子华使于齐，冉子为其母请粟。子曰：“与之釜。”请益。曰：“与之庾。”冉子与之粟五秉。子曰：“赤之适齐也，乘肥马，衣轻裘。吾闻之也：君子周急不继富。”

词语解释：周：周济，救济。继：加给，添加。

白话译文：君子只是雪里送炭而不去锦上添花。

谈古论今：孔子有个学生叫公西赤，字子华，《论语》中常被叫作公西华，或者赤。他被鲁国政府派往齐国做大使，他的同学冉求在孔子这儿管财务，就向老师申请送点礼物给公西赤，因为赤有老母还留在鲁国家里。孔子说，把库里的小米给他六斗吧。冉求觉得太少，孔子说，那就再加二斗吧。冉求还是觉得少，大概他认为送给一个驻外大使的礼物应该和他的身份相配吧。但又不好意思再开口了，便自作主张给了赤家八百斗（这数也忒大了点，笔者也曾表示过怀疑，但查阅资料，专家都这么说）。孔子知道后对冉求说："公西赤到齐国任职，你看他坐着膘肥体壮的马驾的车，穿着顶级的裘皮大衣，表明他已经足够富裕了。我听说君子应当雪里送炭而不是锦上添花。"

在现代市场经济条件下，人们交往的主流形式是锦上添花。你看全世界的银行、金融机构，只给那些利润高的效益好的规模大的企业放款，而广大中小企业、边远的、民营的企业要想从银行借点钱，那真比登天还难。银行家自己就说，我们是专做锦上添花，决不雪里送炭。这个我们且不去批评，因为经济活动有它的规律。银行如果总是救济穷人，那它很快就得关门。这次世界范围的经济危机，就是由于美国的"次贷危机"引起的连锁反应。"次贷"就是把钱借给了穷人，最后收不回来了。

很显然，"周急不继富"不是指的经济活动，而是指的日常的伦理社交。孔子主张在这样的交往中，所应奉行的原则是要雪里送炭而不是锦上添花。雪里送炭是救急救难，锦上添花是好上加好。雪里送炭是非功利的、不求回报的、基于同情恻隐关怀仁慈道义的胸怀，对处于困境中的他人予以支援；锦上添花则往往是功利的、算计的、企求回报的、多少带有些"谄"的成分。孔子给驻外大使的学生八斗小米，是基于"礼"的行为，公西华不需要雪里送炭，孔子也不想给他锦上添花。而冉求的行为，则大大超出了“礼”的范畴。八斗是个礼的意思，而八百斗就变成另外的意思了。

冉求这次自作主张，越权处置资产，严重违背了忠孝诚信的原则，表明他的道德是成问题的。联系冉求后来投靠季氏，替“黑老大”敛财不遗余力（孔子曾明确说过，冉求“非吾徒也，小子鸣鼓而攻之可也”），以及为季孙攻打颛（zhuān）臾国帮腔找茬的种种表现来看，此人危险。如果我们有这样的一个部下，应该考虑尽早辞退，以免后患。

君子成人之美 / 瓷 隶书

君子成人之美

出　　处：《论语·颜渊篇第十二》原文：子曰："君子成人之美，不成人之恶。小人反是。"

白话译文：君子成全别人的好事，不帮助别人做坏事。小人恰恰相反。

谈古论今："君子成人之美"，这句话在中国人的用语中可说是耳熟能详。假如你想求人帮忙，你可以用这句话来恭维他，人家帮了忙还挺高兴；假如你帮了别人的忙，人家感谢你，你也可以用这句话来应答——既恭维了人家，又表扬了自己，双方皆大欢喜。在正常情况下，对这句话的理解和使用是没有问题的。

凡有利于他人及社会之事，君子都会乐而为之。但是，当成人之美与自身利益发生冲突的时候，问题就来了——能否牺牲自己的利益而坚持成全他人之美事，这才是衡量君子与否的真尺度。

最有趣的例子是林徽因与梁思成、金岳霖之间的爱情故事。上世纪二三十年代，一代才女林徽因曾是无数青年的梦中情人。在与诗人徐志摩分手后，林徽因面临着一个两难的选择：一个是大名鼎鼎的建筑学家梁思成，另一个是大帅哥著名哲学家金岳霖。虽然其时林梁已结为夫妻，但金岳霖对林徽因的一往情深常令林大美人辗转难眠。有一天林徽因告诉梁思成："我苦恼极了，因为我同时爱上了两个人，不知道怎么办才好？"梁思成沉思一夜后，第二天对林徽因说："你是自由的。如果你选择了老金，我祝愿你们永远幸福。"后来林徽因将这些话转述给金岳霖的时候，金说："看来思成是真正爱你的，我不能伤害一个真正爱你的人，我退出。"从此金岳霖再不动心，三个人仍旧是好朋友，两家人亲密往来犹如一家人不曾中断。虽然金岳霖终生未娶，但三个人从未在感情问题上浪费笔墨。

这个故事中的两个男人梁思成和金岳霖，不愧是真君子。他们二人在爱情问题上理智而高尚的表现，可以说是"君子成人之美"的最好注解。

敬而无失 / 瓷 古玺

君子敬而无失

出　　处：《论语·颜渊篇第十二》原文：司马牛忧曰："人皆有兄弟，我独亡。"子夏曰："商闻之矣：死生有命，富贵在天。君子敬而无失，与人恭而有礼，四海之内皆兄弟也。君子何患乎无兄弟也？"

白话译文：君子只需勤勉敬业，小心避免过失（不必担心没有好兄弟没有好朋友）。

谈古论今：这一段是两个同学在课间谈心时的对话。问话的是司马牛，答话的是子夏。子夏虽然政治上较为平庸，但文采绝对一流。你看他说的这些话，字字珠玑，意蕴深奥，颇有乃师风范。

司马牛是宋国人，他的哥哥司马桓魋（tuí）因为谋反而遭到宋政府的追杀，一会儿逃到曹国，一会儿逃到卫国，一会儿又逃到齐国，已是穷途末路死亡无日。司马牛虽然并未参与胞兄的犯罪团伙，但恐怕也会遭到宋政府的通缉。他逃到鲁国进入孔子的“国学研究院”，做了孔子的研究生。虽如此，他还是不踏实，整天担心被宋国的秘密警察逮着（宋国的都城在今天的商丘，距离鲁国都城应不足200公里）。他不仅整天忧心忡忡，也会时常惦念自己的亲哥哥。他对子夏说：“大家都有兄弟，就我没有啊。”子夏说：“唉，咱老师不是有那么句话嘛，‘死生有命，富贵在天’，生与死我们不能自己掌握，富与贵也不是完全靠努力就能达到。做君子的，只要对工作兢兢业业小心谨慎别出差错，对待每个人都和和气气恭恭敬敬有礼有面的，那天下人不都是兄弟了？还用担心没兄弟吗？”汉代包咸在解释子夏这段话的时候说：“君子疏恶而友贤，九州之人皆可以礼亲。”子夏在这里不动声色地把概念给换了：司马牛的“兄弟”，是亲属，是骨肉。子夏的“兄弟”，是朋友，是哥们。《论语》里没有记载司马牛在听了子夏的话后做何反应，但“君子敬而无失”、“死生有命富贵在天”、“四海之内皆兄弟”这些出自子夏之口的格言，早已成为中国人信奉的哲学。

今天的中国人和散居世界各地的海外华人，不仅在五十六个民族内部相互尊重，称兄道弟，即使对并不熟悉的波斯人、因纽特人、印第安人、毛利人，也都能以礼相待，和睦相处。“四海之内皆兄弟”，中国人都知道这句格言，虽然不一定知道是子夏所说。

何患乎无兄弟也 / 瓷 摹印篆

君子何患乎无兄弟也

（出处、解说均见前文《君子敬而无失》）

君子去仁恶乎成名 / 瓷 摹印篆

君子去仁恶乎成名

出　　处：《论语·里仁篇第四》原文：子曰：“富与贵，是人之所欲也；不以其道得之，不处也。贫与贱，是人之所恶（wù）也；不以其道得之，不去也。君子去仁恶（wū）乎成名？君子无终食之间违仁，造次必于是，颠沛必于是。”

白话译文：君子若离开了仁靠什么成就名声呢？

谈古论今：孔子最重要的主张就是“仁义”。经过两千多年的持续发酵，仁义已经结晶为中国人的道德。所以冯友兰先生说，道德即仁义，仁义即道德。从前我们要骂某人，最恶毒的就是这句：满嘴仁义道德，一肚子男盗女娼。一个人，若是不仁不义，会被称为“缺德”。

仁者爱人，这是孔子亲口所说。一个人最基本的道德底线，就是要有起码的人性。所谓恻隐之心，关爱之意，怜悯之情，对他人（不仅仅是亲人）抱持关怀、怜爱、同情、怜悯，对人的价值、人的权利的尊重，是必备的人性底线。而这种深切的同情心，正是儒家仁义的要求。一个人，若连这点底线都不具备，那么我们会称他为“衣冠禽兽”，骂他“白披一张人皮”。最近有报道说，四川某地一位打麻将的老人，突发急病倒地身亡，而旁边的很多人却无动于衷，麻将照打，网上还有照片为证。有愤怒的批评家发帖说，中国人的冷漠，已经到了这等地步，悲哀。联想到近几年时有报道诸如“街头遭强暴无人过问”，“落水儿童命悬一线多人袖手旁观”，“瓜车侧翻路人抢瓜司机被卡无人相救”，“挟尸要价”等等，我感到不仅可悲，而且可怕。当然不可以说全体中国人都是如此冷漠，况且我们也时不时地能够读到见义勇为的英雄壮举，可歌可泣的舍己为人的故事。但毋庸讳言的是，经济高速发展的骄人成就，并没有令我们民族的道德水平有所提升。甚至可以说不升反降，说道德沦丧也不为过。在这个经济第一的伟大时代，如果 GDP 的增长下滑一两个百分点，人们会大惊失色，专家、官员都会出来把脉问诊出谋划策。而道德沦丧到见死不救的地步，却不见有人出来说话，大家仿佛无事一样，这才叫真的可怕。

是君子就不可以不仁，不可以不义。当同胞遭遇危难，君子一定是最先出手相救的人。即使事后遭到讹诈(这是极小概率的事件)，君子亦能坦然面对。求仁得仁，又何怨哉！要不然，君子的美名如何成就呢？

补记：2011年春天，上海浦东机场，一个留日回国的青年，向着前来迎接他的母亲连刺数刀，致其昏迷倒地。面对一个血泊中的妇女，现场目击者数十上百人竟无一人出手相救。后来是一位外国青年为这个女人包扎了伤口并守候她直到救护车到达。笔者在著述本书的两年间，虽然一再告诫自己保持平静的心态和温婉的笔调，但每每闻听这样的消息，总难免拍案而起怒发冲冠。联系那些被注水而死的牛、灌石粉而死的鸡、吃瘦肉精长大的猪以及毒豆芽、地沟油等等不堪入目的丑恶景象，笔者只能仰天长叹：中国人这到底是怎么了？

一百年前一代大师辜鸿铭先生经常不无自豪地向西方介绍中国人，说他们在良民宗教——儒教的长期浸润下养成了温良的性能，具有强烈的同情心和廉耻感，称他们拥有比美国人更博大、比英国人更纯朴、比德国人更深沉、比法国人更灵敏的特质，赞誉他们有着如上帝般仁慈的心灵和肯为正义而献身的勇敢精神。可如今这些可爱的中国人，他们到哪里去了？

一个虽然拥有中国国籍、却完全丧失了中华民族的精神和气节、彻底背弃了仁义道德的人，例如把刀子刺向自己母亲胸膛的禽兽不如之子，把三聚氰胺掺进奶粉的黑心商人，见死不救的冷血看客，他们还算得上是中国人吗？

无终食之间违仁 / 瓷 摹印篆

君子无终食之间违仁

出　　处：《论语·里仁篇第四》，见前文。

词语解释：终食：吃完一顿饭。

白话译文：君子连一顿饭的功夫都不可以做违背仁德的事情。

谈古论今：（见前文《君子去仁恶乎成名》）

君子而不仁者有矣夫 / 瓷 摹印篆

君子而不仁者有矣夫

出　　处：《论语·宪问篇第十四》原文：子曰："君子而不仁者有矣夫？未有小人而仁者也。"

白话译文：君子偶尔也会做些不够仁德的事吧。

谈古论今：关于这段话的理解，历来争议颇大。主要是前半句："君子而不仁者有矣夫"，学者们大部分认为此句属陈述性质，应解为：君子中也有不仁的人，或者君子有时候也会做出些不仁的事。例如南宋大儒朱熹援引别人的话说："君子志于仁矣。然毫忽之间，心不在焉，则未免为不仁也。"是说君子也会偶尔疏忽干点缺德事。由于朱熹名气太大，后学者大都遵循这一权威解释。《论语译注》的作者杨伯峻先生在注解这一段的时候出现过思想的含糊和矛盾。他写道："这个'君子''小人'的含义不大清楚。'君子''小人'若指有德者无德者而言，则第二句可以不说；看来，这里似乎是指在位者和老百姓而言。”杨先生虽然有疑问，但译文还是采取了朱熹的论调——孔子说："君子之中不仁的人有的罢，小人之中却不会有仁人。”

孔子对于仁的问题，是极为在意的，决不轻易许人以“仁”。譬如对他的好学生子路、公西华以及曾经一度极为欣赏其才华的冉求，当别人问他这几位学生是否“仁”的时候，孔子给了否定的回答："不知其仁也"；著名的楚国贤相令尹子文和齐国大夫陈文子，在孔子的眼里都不能算是仁者（见《论语·公冶长》）。可见“仁”是极高的道德标准，一般人是很难达到的。即使是各方面表现很优秀的人才，也未必就可以称之为“仁”。有的人偶尔会做几件符合仁德的事情，也有的人会做很多仁德的事情，但若要长久守住仁的上限，那是极其困难的。孔子说他只有一个学生可以做到三个月不违仁，就是颜回。而其他的人，则不过“日月至焉而已矣”，能坚持一两天就不错了（《论语·雍也》）。所以“子罕言利与命与仁”，杨树达《论语疏证》称："所谓罕言仁者，乃不轻许人以仁之意。”

仁是儒家的理想，是君子孜孜以求的目标。凡有仁德之人，必定合乎君子的标准；但身为君子，则其言其行未必完全合乎仁的规范。孔子说有德者必有言，而有言者不必有德；仁者必有勇，但勇者不一定有仁。君子虽然期望把每件事情都做得完美无缺，但犯错总是难免的，所以荒腔走板的事经常会有，这就是朱熹所说的“毫忽之间，心不在焉，则未免为不仁也”。因此，孔子说：“君子而不仁者有矣夫”，这和毛泽东说的“一个人做一两件好事并不难，难的是一辈子做好事不做坏事”意思相近。只不过一个从正面说，一个从反面说。

但也有的人终其一生也不曾做过什么仁德之事。即使偶尔干了一件合乎仁德的好事，那也不是他的自觉，不是出于真心，这就是小人了——“未有小人而仁者也”。不管是官场上还是胡同里，这样的小人还是有一些的，从古至今都是如此。何必拘泥于一隅，非要说这小人一定出自胡同里弄而不是在衙门呢？

君子 / 铜 小篆

子路问君子

出　　处：《论语·宪问篇第十四》原文：子路问君子。子曰："修己以敬。"曰："如斯而已乎？"曰："修己以安人。"曰："如斯而已乎？"曰："修己以安百姓。修己以安百姓，尧舜其犹病诸。"

词语解释：修：修养，修炼。

白话译文：子路向孔子请教怎样做才能算是个君子。（孔子说："修炼自己，勤勉敬业。"子路说："就这些啦？"孔子说："修炼自己使他人快乐。"子路说："这就行啦？"孔子说："修炼自己使老百姓快乐。若能修炼到这种程度，就是尧舜恐怕也未必能完全做到呢。"）

谈古论今：尽管孔子在不同场合对不同的人多次谈到过君子的品行修养问题，但子路还是觉得不过瘾。也许在子路看来，孔子就是一座取之不尽的宝藏。这次他采取了一般学生不大敢用的追问方式，使孔子的回答梯次展开，层层递进，最终师生一起步入了君子修炼的高尚境界——修己以安百姓。

修己以敬，这个相对容易些。一个人克勤克俭，尽忠职守，兢兢业业，爱岗敬事，具备这样职业美德的人在各个组织里还是经常能见得到的。但是若能修己以安人，把自己修炼得能够使同事、朋友、家人、伙伴感到愉悦感到快乐，这就难了。生活中真的就有这样的人，跟他一起共事，你会觉得很舒服很快活——他能轻松解决几乎一切难题，当大家都一筹莫展的时候，他有点子；当大家都有点子的时候，他会选出最好的点子；他从不为难别人，从不令人尴尬，有困难有问题时他站出来扛，有功劳有成绩时他隐藏在后；他帮你很多给你很多却从不夸耀从不索求回报；他当笑则笑当乐则乐从不矫揉造作道貌岸然；他幽默风趣举止得体从不孤芳自赏装腔作势。跟他在一起，你没有沉闷、压抑和尴尬之感。这样修己以安人的人，是不是就是你心中的君子呢？是的。

下面就更难了——修己以安百姓。让身边的人都快乐就够不易的了，还要天下的百姓都快乐，天哪，难度也忒大了吧！其实孔子是知道这一点的。所以他老人家补充道："即使尧舜恐怕也难以做得到。"尧舜是被公认的圣人，圣人是比君子更高一个级别的人格。以圣人都未必做得到的条件要求君子，是否太不切实际了？不然。

孔子是很高明的，他十分懂得“取法乎上”的道理。他把一个很高的目标告诉你，让你去追求，你即使做不到最好，你也是很棒的。就好比按照奥运冠军的标准训练体育人才一样。有人说了，我倒是想让天下百姓都快乐呢，可我得有那条件呀——只有国家元首才有资格。不错，不过元首也有大国元首与小国元首之分。世界上最小的国家其国土面积和人口就相当于中国的一个乡镇。假如你是一个乡长，你就是这个乡的元首不是吗？你可以要求自己像个君子一样，让全乡的百姓都过着幸福安康的生活——没有欺诈，没有盗抢，没有冤狱，没有上访……同样道理，若你是个县长、市长、省长、州长，在你所管辖的这片土地上，你能否修己以安百姓？你即使做不到百分百的满意度，你能否争取百分之七十、八十、九十？如果全世界的每一个乡镇，每一个县市，每一个州省都有百分之九十以上的百姓满意、快乐，那不就是太平盛世百姓安乐么？

孔子在这里谈到的修己理论，后来被儒家总结为著名的“修、齐、治、平”理论——修身、齐家、治国、平天下。

义

君子人格的价值尺度

义是“義”的简化字。甲骨文“義”是用刀斧屠宰牛羊以祭祀的会意字。在古代，杀牲祭祀是必须办理的重大事情。由此引申为正当的、合宜的、应该的、公正的、合乎正义或公益的道理、举动等等。冯友兰先生说：“道德方面的应该，无条件的应该，就是所谓义”（《中国哲学之精神》）。当代语汇中的“普世价值”，其意思接近或大致相当于义。从字源上讲，义（義）、宜、谊同源，古代典籍中经常通用。先秦诸子几乎人人口不离义，其中孟子解义最为周详和精辟，《论语》24 次讲到义。

如果一个事件发生在我们面前，比如上世纪前苏联的解体、柏林墙的倒塌，或者有人提出一个貌似伟大的理论，比如“无产阶级专政下继续革命”，我们凭什么判断它是好事还是坏事？是真理还是谬误？我们如何决定是赞成它跟着它走还是反对它与它斗争？这里有一个价值判断的尺度，它会帮助我们做出正确的选择。这个尺度，就是——义。凡是合乎义的，便是好，干就对了。比如行义举、尽义务、张义帜、入义师、见义勇为、义不容辞，甚而至于舍生取义、慷慨就义。凡是不合乎义的，便是不好，应该回避或反对。比如不义之财不要贪，不义之人不要做。

义的内涵相对稳定，但也处在变动之中。从前被赞美的义举，若干年后成为被嘲弄的对象；此地的英雄，到彼地变成小丑。例如“驾机起义”、“世袭政治”等等。所以义在时空上具有相对性，不要以我之义揣度他人之举，也不要以从前之义考量今日之行。

义有时候也指在某种情况下处理问题的最好的办法。《中庸》说：“义者，宜也。”既然是宜，就需要因地制宜，因时制宜，需要灵通权变，不可呆头呆脑。所以孟子说：“大人者，言不必信，行不必果，惟义所在。”（《孟子·离娄下》）

君子，古代的统治者，当他走上权力的中心，面临着实行什么样的路线、政策，走什么样的道路、方向，设计什么样的政治体制、经济模式、法律体系、文化生态等等所谓治国安邦的大问题时，他必须做出判断，决定取舍。而这判断取舍的依据，就是义。凡符合最广大人民群众的根本利益、尊重最广大人民群众的意志、顺应世界发展的大方向主潮流的，就是合乎义，就应该办，可以干。反之，则为不义，不如不干，否则越干越糟。

无莫 / 瓷 金文　无适 / 瓷 摹印篆

君子之于天下也

出　　处：《论语 · 里仁篇第四》原文：子曰："君子之于天下也，无适也，无莫也，义之与比。"

词语解释：适：适合、适应、顺从、肯定。莫：勿、不要、不能、否定。比：比照，按照，合乎。

白话译文：君子对于天下的人与事，不必完全肯定、顺从，也不必完全否定、逆反，只要遵从道义的准则行事就好。

谈古论今：孔子在这里谈到了为人与为政的基本原则。当面对一个事件需要做出判断的时候，我们凭什么说它是正确或错误的呢？譬如改革开放初期关于市场经济到底是社会主义还是资本主义的争论。当面对旧城改造、农民失地、就业不足、内需不振等等问题需要为政者做出决策的时候，我们凭什么表态要这样干还是要那样干呢？需知真理与谬误在很多时候其界限是十分模糊的，并且随着时空的转换，其本身也可能朝着相反的方向变化——此时的真理在彼时成为谬误；当年正确的路线，成为日后灾祸的根源；在此地被拥戴的英雄，到彼地成为人人嘲弄的小丑，这种事是经常发生的。例如众所周知的杀虫剂滴滴涕（DDT），在上世纪曾经是特高效农药，对于消灭疟疾拯救人类生命立过大功，其发明者还获得了诺贝尔奖。但后来环境保护者发现 DDT 在消灭蚊虫的同时，也消灭了天上的飞鸟、水中的游鱼，春天因而变得寂静无聊。于是人们开始憎恨 DDT，全世界都在禁止使用这种农药。然而后来非洲因为疟疾爆发死亡人口大增，很多国家又开始恢复使用 DDT。DDT 的功过是非至今还在争论中。再比如最近报道的，北京有一位年近八旬姓钮的老人，曾经是国民党潜伏在北京的特务。他当初被逮捕的时候，还以“刘胡兰”自诩，觉得自己“生的伟大死的光荣”。后来他潜逃到台湾，想向国民党邀功，岂料遭到监禁，被折磨得死去活来。如今老人家感慨地说，自己这一生，就是“小丑”一个。所以对于“无适也，无莫也”，有人解释为“无可无不可”是有道理的。孔子的意思是说，天下没有一成不变的规矩，为人为政不可以墨守成规，循规蹈矩，泥古不化，作茧自缚。否则为政者就难有成就，社会将无法进步。这是“无适”的精神。另一方面，又不能完全无视传统，无视已有的法制，抛弃一切规矩，另起炉灶，甚至提出完全颠覆已有价值系统和文明成果的口号，那将引发思想混乱，最终导致社会倒退。这是“无莫”的含义。对于那些手中握有权力的“君子”，在施政时既不能循规蹈矩一味地顺从旧有的体制、旧有的文化、旧有的观念、旧有的条条框框，甚至一味顺从多数人的意见；也不可对原有体系彻底砸烂，推倒重来，或者完全不顾及多数人的意见，标新立异，一意孤行。文化的发展与繁荣，历来是既要有传承有弘扬，又要有革新有创造，完全的“适”和完全的“莫”都不足取。

既无适，又无莫，这就叫人左右为难了。不要紧，孔子告诉我们一条最根本的法则，只要按照这一法则去做事，无论怎样都是正确的。这条法则就是“义”。义就是道义，就是合宜，就是普世价值，就是合乎最广大人民的福祉，就是全民族乃至全人类的根本利益。只要遵照这一法则行使权力，你就是对的。即使暂时不被理解，历史自会还你公道。最近重庆市打黑风暴硕果累累，一批高官因长期充当黑恶势力保护伞而被捕受审，老百姓拍手称快，也引起了世界舆论的极大关注。市委领导讲：“我们的工作好不好，行动该不该，就看人民群众需要不需要，喜欢不喜欢。”这就是中国传统文化一贯坚守的为政原则——唯义所在，义之与比。

孟子说："夫大人者，言不必信，行不必果，惟义所在。"作为君子，必须妥善处理好持节守信与通权达变的关系。当守则守，当变则变，义以为上，义以为质。最近台湾与大陆签订了经济合作框架协议（ECFA），两岸关系又向前迈出了重要一步。未来两岸关系这盘棋要想走成大模样，实现双赢大目标，需要两岸政治家拿出大气量大胸怀，真正从中华民族的根本利益和长远福祉出发，冲破"适"与"莫"的小考量、小算计，拿出与时代前进脚步相协调的新思路和大谋略。

忽然想起"实践是检验真理的唯一标准"这句话，三十多年前在中国可谓妇孺皆知。如今取来解释"义之与比"，应属切当。

前贤有将"适"训作厚、敌，将"莫"训作薄、慕的，虽言之凿凿，却也难免迂曲附会之嫌，今不取。

君子尚勇乎 / 瓷 摹印篆

君子尚勇乎

出　　处：《论语·阳货篇第十七》原文：子路曰："君子尚勇乎？"子曰："君子义以为上。君子有勇而无义为乱，小人有勇而无义为盗。"

白话译文：勇敢是君子最重要的品德修养吗？

谈古论今：这话是子路问孔子的。意思是说，像我这样比较"勇"的人，够不够君子的资格呢？子路是个很勇敢的人，他身强体壮孔武有力，站在孔子身旁，像是一号保镖。司马迁在《史记·仲尼弟子列传》中描述的子路是："性鄙，好勇力，志伉（kàng）直，冠雄鸡，佩豭（jiā）豚，陵暴孔子。"所以孔子说："自吾得由，恶言不闻于耳。"有子路在，即使反对孔子的人，也不敢说出难听的话来。子路只比孔子小九岁，是孔门弟子中年龄较大的一个。他性格率直爽快，讲义气重感情，必要时能冲锋陷阵不惜生命。子路还是著名的孝子，二十四孝中“百里负米”就是他的故事。孔子最喜欢这个像是弟弟样的学生，他曾经说过如果他的理论行不通，最后乘木筏漂泊海外时，唯一能跟随他的人，就是子路了（“道不行，乘桴浮于海。从我者，其由与”）。但由于子路太勇了，不太善于保护自己，在那样一个纷乱龌龊的时代，一不留神就会丢掉性命的。所以孔子极为担心子路，预感到子路会死于非命，不大可能像南容、公冶长一样，在“邦无道”时能“免于刑戮”苟全性命；像蘧伯玉一样，在政治黑暗的时代能够“卷而怀之”；也不会像子贡一样，神闲气定，寿终正寝。因此，面对子路的提问，孔子耐心地告诉他，君子应该以义为上，而不是以勇为上。义就是正义、真理、适宜，就是道理上的正确、应该，就是普世价值，就是全人类都认可并崇尚的价值观。譬如仁爱的精神，诚信的操守，公平公正的原则，和平大同的目标等等。勇只有跟随着义才是有价值的。二者好比是乘数关系：如果义是零，那么勇再大也无意义。一个所谓的君子，若是有勇有智而不能明辨是非，那就很可能带头作乱，成为社会前进的绊脚石；一个小人若是有勇而无义，就容易成为盗贼，构成社会不安定的因素。孔子可能是在启发子路，在奋勇行动之前先要辨析清楚这行动的价值，确定它是否合乎“义”的取向。在另外一次问答中，子路问道：“知道了就要立即去做吗（闻斯行诸）？”孔子回答说：“父亲、兄长还活着，怎么可以轻易行动呢？”对于子路勇敢、刚强，有点耿直甚至鲁莽的性格，孔子一直采取抑制的态度，生怕他为不义而死，做了人家的炮灰。

但这番苦心，看来子路并没有完全领会。多年后，当卫国因为君权的更迭发生动乱的消息传到鲁国时，孔子焦虑地向着西北眺望卫都，下意识地说：“子路完了，子路完了！”不出所料，子路那时正在卫国的卿大夫孔悝（kuī）门下做“邑宰”（孔悝封地的行政长官，相当于县长）。孔悝的舅舅名蒯聩，卫灵公的长子，因为谋刺卫灵公的宠姬南子失败而长年流亡在晋国。卫灵公死之前，本想传位给公子郢（子南），但公子郢太贤德太谦虚，把接班权让出去了。结果这大位就阴差阳错地传给了公子辄，就是后来的卫出公。这公子辄其实就是蒯聩留在卫国的儿子，无论从哪说起，蒯聩都应该高兴才是。可蒯聩不甘心，在儿子登基后潜回卫国，联合其姐姐也就是孔悝的母亲以及孔悝一起，要杀掉自己的儿子卫出公，亲掌大权（当时孔悝地位很高，是辅佐卫出公的重臣，相当于后世的摄政）。这场血腥弥漫的夺权厮杀，根本就是不义之争。按照儒家“思不出其位”的理念，子路其实是应该采取躲避的策略，并且他当时正在乡下孔悝的领地里，完全可以躲开这场灾祸。但子路却怀着“食其食者不避其难”的义气，急急忙忙从乡下赶到首都，决心保卫现元首卫出公，粉碎蒯聩孔悝的政变阴谋（孔悝还是子路的老板呢，但子路却义无反顾，他要大义灭亲）。其时已经六十三岁的子路，像头怒狮般向城里冲去。到城门口时，遇见老同学子羔。子羔说：“出公去矣，而门已闭，子可还矣，毋空受其祸。”但子路不听子羔的劝告，尾随官差进了城。其时蒯聩与孔悝一伙已经政变成功，正在搭台准备登基。子路要点火烧掉台子，蒯聩派出部将石乞等砍杀过来。单枪匹马的子路岂是人家的对手，没几个回合，就负伤倒地，帽带也被击断。可爱的子路，这种时刻还不忘保持作为君子的庄严仪表，只见他从容系紧帽带，口中还喃喃自语道：“君子死而冠不免。”终于“结缨而死”（司马迁语）。他把一个勇武、友善、豪爽的中原汉子形象，永远留在了卫国的土地上。

今天的河南省濮阳市有子路的墓祠。

【涂宗涛批注】应该承认，子路是勇敢的。可惜他不知通变，不懂一切取决于时间、地点、条件的道理。卫出公不值得为之死而死之，勇而无义，其错一；不听子羔劝告，在大势已去的形势下，仍一意孤行，以卵击石，勇而无知，其错二；在你死我活的决斗现场，还照搬正常生活时的君子仪表，太书呆子气，因礼而害道，其错三。子路虽勇而缺乏政治头脑，有负于孔子的教诲与培养，故其为人终归失败，不足为训。

【高喜田注】在卫出公继承权的正当性这一重大政治问题上，子路或与孔子存有重大分歧。孔子认为应当还权于德才兼备的公子郢，理想主义很浓；子路则取现实主义的态度，认为既然出公已在位，即应顺势而为，衷心拥护才是。从通行本《论语·子路》记载师徒二人的激烈争吵可以略见端倪：孔子认为卫国的当务之急是正名，即必须解决君权的合法性问题。为此他准备动员卫出公效仿古贤夷齐、泰伯，让出君位，由子南（公子郢）掌权。子路则大不以为然，甚至以少有的不敬语气与老师争辩："子之迂也"；孔子则以"野哉由也"回击，居然爆出粗口，双方大有崩盘翻脸之势。为卫出公而死，孔子当然会认为不值。而在子路看来，恰是为大义而献身，死得其所。这正是不同的人对义有不同的判断的结果。为一己之信仰而慷慨赴死，且死前还从容整理仪容，让自己死得有尊严，子路还是蛮可敬、蛮可爱的。

义以为上 / 瓷 摹印篆

君子义以为上

（见前文《君子尚勇乎》）

有勇而无义为乱 / 瓷 摹印篆

君子有勇而无义为乱

（见《君子尚勇乎》）

君子之仕行其义 / 瓷 摹印篆

君子之仕也，行其义也

出　　处：《论语·微子篇第十八》原文：子路曰："不仕无义。长幼之节，不可废也；君臣之礼，如之何其废之也？欲洁其身，而乱大伦。君子之仕也，行其义也。道之不行，已知之矣。"

词语解释：仕：有官衔的人，从政者。

白话译文：君子从政做官是为了推行道义实现社会公平。

谈古论今：公元前497年，五十五岁的孔子带领学生一行数十人，离开鲁国，开始了长达十四年颠沛流离的周游列国生活。这十四年里，他在卫国（今河南濮阳）呆了近十年，然后南下陈国（河南淮阳）、曹国（山东定陶）、蔡国（河南上蔡）、宋国（河南商丘）、楚国（河南信阳），西进郑国（河南新郑），加上在鲁国期间去过的齐国，共访问了八个国家，见过十几位执政的国君。虽然在政治上，各国并没有给予孔子施展抱负的机会，并且事实上也没有任何一个国家采纳孔子的执政理念，所以就看得见的结果而言，孔子的周游目的是以失败而告终的。但是，这十四年的经历，对于孔子伟大人格的形成，对于其思想理论体系的构建与完善，对于他晚年编《春秋》、注《周易》、修《尚书》、订《诗经》等等都具有极其重大的意义。可以说，那个真正成熟的圣者孔子，正是产生在周游结束返回鲁国的时候。早期的孔子，多少有些理想主义、乌托邦的气息。只有在实地考察了各国的情况，了解了各国执政集团和下层民众的利益诉求之后，孔子才转变成为一个现实主义者。

本篇所记录的，正是发生在孔子周游途中的故事：子路因为掉队，向一位老农模样的长者打听是否见过自己的老师。这位和善的老人停下手中的活计，对子路说："年轻人，你看看我老成这样了，腿脚也不灵便了，眼睛也分辨不清哪是谷子哪是黍子了，你的老师就是打我跟前过，我也认不得他是谁呀不是？"子路觉得遇见高人了，就肃立田头，恭听老人家教导，不觉天色已晚，老人将子路带回家，杀了小柴鸡，蒸了平常舍不得吃的黍米饭招待子路，还留他住宿一夜。第二天，子路把所遇情况向孔子做了报告。孔子说："这是个隐士啊！"安排子路返回去再见老者（可能是带着孔子的重要口信吧）。但是，当子路回去的时候，老人家已经不知去向了。子路对这位长者的隐居行为大概并不理解，回来后就把自己的思考跟孔子和同学们说了：“有能力做官而不肯做，这恐怕不是正确的选择。长幼之间存有天生的伦理关系，是永远不可能废弃的。君臣之间也是一样，总得有人决策有人执行。你想洁身自好独善其身，但这样做却是从根本上放弃了自己应负的责任。君子出来从政做官，就是为社稷天下尽责而已。至于我们有些主张行不通，其实一开始我们就知道的。”这段话，正是对于有人批评孔子“知其不可为而为之”的解释，说出了孔子的心声。

君子之仕也，行其义也。现实生活中有一些人，或者因为曾经吃过政治的亏，或者看过政治集团内部的黑暗，就抱定了“政治丑恶，政治肮脏”的认识，远离政治，不愿介入其间，一副隐士气派。如果重温一下子路的这番话，以“行其义”的精神，担当起君子的责任，而不去计较个人的荣辱，这才是正确的选择吧？反过来说，如果君子们都不肯从仕，大家都隐遁山林，对政治都采取不闻不问的态度，那岂不是纵容小人当政天下无道么？

义以为质 / 瓷 古玺

君子义以为质

出　　处：《论语·卫灵公篇第十五》原文：子曰："君子义以为质，礼以行之，孙以出之，信以成之。君子哉！"

词语解释：质：本质，原则。孙：逊，谦逊。

白话译文：君子做事以正当适宜为原则。

谈古论今：《论语》中多次出现过"义""质"的概念。例如在《里仁》篇，孔子说："君子之于天下也，无适也，无莫也，义之与比。"义就是道义，是合乎仁的精神的指导思想，是君子所应坚持的正确理念。质是本质，是主干，是本原。一个人为人处事，有时候面临着多种选择，既可以这样也可以那样，最后做出决定的道理是什么呢？孔子告诉我们君子选择的依据就是义，即以"义"为出发点和落脚点，以合乎全社会全人类的普遍价值观为行动的指南、做人的根本。孔子进一步阐释道："行为举止依照礼仪为规范，言谈话语以谦逊温婉为主调，在事情进展的各个阶段始终秉持诚信的原则，这样来做事，怎能不成功呢？这样来做人，不就是君子吗？”

以义为质，并不是以自己认为正确的道理为做事的依据。义是一个“公约数”，它是大多数人在长期的社会生活实践中逐渐形成的理念，具有一定的道德约束力，而不是一个人或少数人的意志，也不是某一时期某一阶段大多数人的意志。譬如做官要为人民办实事办好事，要廉洁自律，不要贪腐，这是全社会普遍的共识，是共同的价值观。但也有少数人认为做官就是要贪点，“不贪做官干什么？”曾经有官员公开这么说。这样的官员干事情，是以自己能否捞到好处为出发点和落脚点。他们不懂得“义”是怎么一回事。遇上这样“无义”的父母官，老百姓遭殃是无疑的。

平常我们做事情，不管是领导交办的工作，还是朋友委托的事情，该不该办，该怎样办，心中必定是有个盘算的。譬如工厂的排污，明明是不达标的，可经理要求咱编造数据，按达标报上去，咱是办呢还是不办呢？朋友的孩子上大学，分数不够，让咱通融一下给录了，咱是录呢还是不录呢（假定咱有这个权力的话）？类似的情况，现实中有很多。按照君子行事的原则，这种事一定是不能办的。但很多情况下，明明知道这样做不好，不对，不该，可最后还是给办了。为什么？一定有不得已的苦衷，要不怎么说做君子难呢。

人生做一件两件不义的事，是不足为怪的。“人非圣贤，孰能无过”，孔子说：“君子而不仁者有矣夫。”自己知道哪件事做的不该，行的不义，说明良知还在，道德还在，尚可救药。怕的是习惯成自然，以不义为义，以丑陋为俊美，黑白颠倒，是非混淆，那就让人头疼了。譬如“当官就得贪”，如果有一半的官员是这么想的，有一半老百姓也是这么认为的，那这个社会就麻烦得很了。

喻于义 / 瓷 小篆

君子喻于义

出　　处：《论语·里仁篇第四》原文：子曰："君子喻于义，小人喻于利。"

词语解释：喻：明白，懂得。

白话译文：君子明白义，小人只懂得利。

谈古论今：义与利，是一对矛盾，也是儒家先贤经常论及的一对范畴。义是道义，是公理，是公共利益，是普世价值；利是个人的钱财、名誉地位与权力，是私利。君子明白义，所以他追求义，君子谋道不谋食；小人只懂利不懂义，所以他追求利，不顾义。为了利，他可以不择手段，什么勾当都干得出来。这些话，听起来浅显易懂，可里面还是有一些纠结的。

孟子说："鸡鸣而起，孳孳为善者，舜之徒也；鸡鸣而起，孳孳为利者，跖之徒也。欲知舜与跖之分，无他，利与善之间也。"（鸡一叫就起床，孜孜不倦地行善，是舜这一类人；鸡一叫就起床，孜孜不倦地谋利，是跖一类人。舜和跖的区别，就是善和利的差别。）孟子赞颂舜之行善，批评跖之谋利，义正词严旗帜鲜明。为善就是行义，就是谋道，当然高尚。但有一条，就是吃饭问题必须先解决掉。否则，咱清早起来，自家的地不去打理，满大街去帮人家，那不是白痴便是傻瓜。所以这里有一个概念必须弄清楚，就是究竟什么人应该清早起来就考虑别人的事，大家的事，而不是自己的事，自家的事？答案是：君子。君子是掌握统治权力的人，从皇帝到尚书到知府到县令，他们的吃饭问题、住房问题、医疗问题统统都由国家包揽，可以说衣食住行，样样无忧。所以他们清早起来，就是应该考虑民生民权等公共事务，这是他们的职责所在。如果执政者一睁眼就想着怎么搂钱，怎么升官，而老百姓反复上访告状的事他搁置一旁不闻不问，那他是失职。而咱普通老百姓，土里刨食，自谋生计，一天无收入，就可能饿肚皮。咱没有为他人谋利益的职责。所以咱鸡叫起床，干自己的营生，那是天经地义，必须的。话又说回来，咱要是富足了，有了能力了，咱也可以而且也应该行行善、谋谋道、求求义的。像著名慈善家陈光标先生，他靠自己努力发财之后，拿出很多钱来扶危济困，包括台湾同胞在内的许多人都深受其惠。有些人批评陈先生，说他太高调，这不够厚道。

高调的行善总比低调的守财奴更令人尊敬吧？退一步讲，咱就是不那么富裕，要是遇上天灾人祸，邻居、乡亲吃不上饭了，只要咱还有口吃的，咱就不会看着不管不是？或者遇上抢劫的、强奸的、突发急病倒地不醒的、落水的、遭难的等等，到那节骨眼上，不管咱什么身份，什么地位，是富足是贫穷，咱都必须伸手相救不是？有句歌词唱道：“路见不平一声吼，该出手时就出手。”梁山好汉的精神，就是一个义字。这也应该成为咱全体中国人的精神。

现今我们语汇中的“君子”，已经脱离了权力的意义，纯指道德高尚、言行优雅的好人，而小人也不再专指咱普通老百姓了，所以人人都处在君子与小人之间。好事做多了，就成为君子；每干一件坏事，就离小人近了一步。

君子之道四焉 / 瓷 摹印篆

有君子之道四焉

出　　处：《论语·公冶长篇第五》原文：子谓子产有君子之道四焉：其行己也恭，其事上也敬，其养民也惠，其使民也义。

词语解释：事：侍奉，伺候。

白话译文：君子有四项美德：行为检点，对领导恭敬，对百姓有恩惠，指使他人做事合乎道理。

谈古论今：这句话是孔子在评价郑国的首相子产时说的。孔子认为子产具备这样四种美德：第一，子产自身行为检点规范严谨庄重；第二，子产对待郑国的国君尊敬而合乎礼仪；第三，子产所制定的政策法规都有利于郑国的经济繁荣和社会发展，给老百姓带来了实惠；第四，子产征召劳工所做的工程，都是民生工程，符合百姓利益和壮大郑国国力的要求。

子产名叫公孙侨，比孔子年龄大，是春秋时期著名的政治家。他品行好，有韬略，善于治国理政。在他执政的二十二年里，郑国（首都在现在的河南新郑）虽是小国，却也能与周边大国如晋、楚相安无事，国家政治清明，百姓安居乐业，赢得了国际社会的尊重。

史书里有关子产的故事有这么几件：一是不毁乡校，开放言论自由。当时郑国有些国民下班后喜欢聚集到村镇的小学堂里议论国家大事，难免有些批评的言辞。一些政府官员怕这样会动摇政权，不利于稳定，就建议拆毁学校，以免人们聚会闹事。子产否决了这样的提案，认为多听听批评的声音会更有利于政府调整政策，顺应民意。他否决了那些“毁乡校”的提案，使学校得以保留，人民的言论自由也得以保障。二是坚持任人唯贤，反对任人唯亲，杜绝干部任用上的腐败。上卿子皮想让自己的家臣尹何出任地方长官，子产以其年轻为由不表支持。子皮说：“此人忠厚善良，不会背叛我。让他去学着治理，他不就懂了嘛。”子产说，您这是爱他还是害他？把政权交给一个没经验的人，就好比把刀子交给小孩子一样，其结果就是让他受伤。执政是多么严肃的事情，摸着石头过河，执政岂是闹着玩的？后来子皮听从了子产的规劝，放弃了任命尹何的动议。三是不以权势干预市场。据说晋国执政范宣子有一只玉环流转到郑国商人手中。宣子利用觐见郑国元首的机会，请求郑国帮他把玉环要回，但身为郑国首相的子产，却说那东西并非政府所有，没法办，就给回绝了。这表现出子产尊重市场规则，不炫耀权力以势压人的执政美德。四是体恤民情，亲民爱民，不摆官架子。他曾经把政府配给自己的专车拿来帮有困难的老百姓渡河，深受群众的爱戴，不过孟子对子产这一行为提出过批评。孟子认为身为首相责任在于修桥铺路，从根本上解决群众的困难。小恩小惠不是执政者应有的作风。孟子似乎在批评子产作秀（《孟子·离娄下》）。

政治家多少都免不了作秀。光作秀不做事的政治家，是很讨厌的；作完秀又干坏事的，就更讨厌了。像子产这样做官的君子，史书里找不出他以权谋私、腐败堕落的材料（秦以前的历史书可信度还是蛮高的）。所以子产即使有些作秀的成分，也应算是清正廉洁、执政为民的典范。

恶居下流 / 瓷 摹印篆

君子恶居下流

出　　处：《论语·子张篇第十九》原文：子贡曰：“纣之不善，不如是之甚也。是以君子恶（wù）居下流，天下之恶(è)皆归焉。”

白话译文：君子憎恨处于下流（一旦处在下流，天下的坏事都会找上门来）。

谈古论今：子贡说：“商纣王的残暴无道，并不像现在大家传说的那么邪乎。所以君子不要像纣王那样，做不义之事让自己遭到千古唾骂。”商纣王名受，是商朝末代君王，距今约3050年，距子贡的时代约600年。据说这个叫“受”的家伙，打小天资聪颖，闻见甚敏；长大后膂力过人，有倒曳九牛之威，据说他一人可以托住房梁让工匠换柱。这么优秀的一个青年，在继承王位做了最高元首之后（相当于皇帝，但那时不叫皇帝），变成一个暴君，荒淫无道，杀人如麻，著名的“肉林酒池”就是他的故事。史书所载有关纣王的种种恶政与暴行，有些是移花接木添油加醋，有些是子虚乌有纯属虚构，不可全信。商王朝当年被周武王的军队攻破了首都朝歌（今河南淇县），纣王逃到远郊鹿台，自知罪孽深重难逃此劫，未等被俘就点火自焚了。今天的淇河岸边有纣王墓。

商王朝自从伟大的圣人商汤灭掉夏桀改朝换代之后，立国六百余年，传三十代，到纣王这儿，曾经强大的帝国顷刻间灰飞烟灭了。人们在评价历史的时候，往往喜欢把一个政权的垮台归咎于元首个人的恶劣品德。这也难怪，老百姓哪有那么多的理性思考，谁会吃饱了没事去探求什么体制上、系统性的原由呢？“三人成虎”、“众口铄金”、“墙倒众人推”，一个人倒了台，大家就把所有的坏事都堆到他身上，他原来的好处一夜间就蒸发掉了，仿佛他生来就是个坏蛋。比如希特勒及其纳粹集团，发动第二次世界大战，犯下了反人类的滔天罪行，遗臭万年。但他们在执政期间也曾做出过一些有益于社会的创新举措，至今还在被世界各国效仿。如制定禁止活体解剖以及禁止虐待动物的法律、禁止18岁以下青少年吸烟以及禁止在公共场所吸烟、制定环境保护法、建设医疗保障体系改善老年人生活、制造出大众汽车、发明了火箭、建设了世界第一条不收费高速公路、生产出彩色胶片等等（《参考消息》2011年2月17日第12版）。希特勒个人也拥有很多优秀的特质与魅力：他博学多才，记忆力超群，具有强磁场般的魅力。他在汽车设计、潜艇构造以及欧洲古典建筑方面的造诣，甚至超过了当时业内顶尖的专家。在执政后短短的几年内，他就使一战后一蹶不振的德国经济迅速崛起，令整个世界刮目相看。但是由于他野心膨胀，悍然发动世界大战，给人类历史造成了巨大的灾难。用子贡的话说，就是他因为恶行暴政而使自己居于下流，遭到举世痛骂和历史的唾弃。所以现在我们所知道的希特勒，就是一个集中了全人类的恶劣品质的魔头而已。至于他的那些优点，有谁愿意去提它呢？

下流就是不义。作为君子，必须要坚持正义真理，为社会的公利而奋斗。必须抑制自己内心的那些不义的冲动，必须摒弃基于个人私利的野心和情感。否则一旦堕落，如坠深渊，恶行可能会被放大，功绩可能会被抹杀。历史上很多恶魔人物都是例证。

虽然“君子恶居下流”，但居不居下流，有时候却由不得我们自己，但在我们还能够选择的时候，最好不要主动奔下流而去。“唾沫也能淹死人”，对于一个珍惜声誉的君子而言，必须时时检点，处处谨慎。否则，若有不雅行为被曝了光，那可就一世英名毁于一旦。

惠而不费 / 瓷 摹印篆
五美 / 瓷 小篆

君子惠而不费

出　　处：《论语·尧曰篇第二十》原文：子张曰："何谓五美？"子曰："君子惠而不费，劳而不怨，欲而不贪，泰而不骄，威而不猛。"

词语解释：惠：实惠，造福。费：浪费，高耗费。

白话译文：子张问"什么是五美"，孔子回答说："为人民谋福祉但并不耗费太多资源；让人们勤奋工作而心甘情愿；承认并适度满足自己的欲望但不贪婪；态度和善而不要骄横；保持威严但不凶蛮。"

谈古论今：在这段对话之前，子张问孔子说，要做好一个公务员，需要注意些什么事项呢？孔子说："尊五美，屏四恶，斯可以从政矣。"子张这才又问什么是五美，什么是四恶。子张姓颛孙，名师，字子张，小孔子 48 岁，陈国阳城（今河南登封）人。这位同学，出身微贱，做过小混混，有过前科。在加入孔门之后，一开始并不太起眼，孔子曾经批评他“师也过”,“师也辟”;子游批评他“未仁”,曾参也批评他“难与并为仁矣”,后来的荀子甚至大骂子张是“贱儒”。这说明在初创时期的儒家系统中,子张的地位并不很高。但子张好学深思,后来居上。孔子逝世后,他融汇了部分墨家思想,成为“子张之儒”的创始人,在战国后期被列为儒家八派之首。康有为比较欣赏子张。

在孔子开列的君子五种美德中,“惠而不费”这一条最具现实意义。当前世界各国都在致力于发展经济改善民生,但如何处理好经济发展与环境保护的关系,做到既使经济健康快速发展,又能有效保护和改善环境,这是摆在全世界“君子”们面前的严肃而重大的课题。当前,全人类面临的环境污染生态恶化问题是极其严峻的。到目前为止已经威胁人类生存并已被人类认识到的环境问题主要有:全球变暖、臭氧层破坏、酸雨、淡水资源危机、能源短缺、森林资源锐减、土地荒漠化、物种加速灭绝、垃圾成灾、有毒化学品污染等众多方面。仅以全球变暖为例:自上世纪八十年代后,全球气温明显上升。1981 ~ 1990 年全球平均气温比 100 年前上升了 0.48℃。导致全球变暖的主要原因是人类在近一个世纪以来大量使用矿物燃料(如煤、石油等),排放出大量的二氧化碳等多种温室气体。温室气体就像一张巨大的塑料薄膜罩在我们的头顶,不断制造“温室效应”,导致冰川和冻土消溶，海平面上升等等。照这样下去，用不了多久，地球这个目前所知宇宙中唯一存在生命的天体，将会变得不再适合我们人类和其它所有生物生存了，我们的子孙后代怎么办？为了解决这一问题，1997 年 12 月，在日本的京都，世界各国的“君子”们签署了一个具有划时代意义的旨在限制温室气体排放量以抑制全球变暖的国际公约——《京都议定书》。据我理解，这份国际公约的主旨，就是孔子的“惠而不费”发展观。2009 年年底召开的“哥本哈根世界气候大会”，使这一进程又向前迈进了一步。

“惠而不费”就是节约资源，就是减少排放，就是尊重和保护我们赖以生存的地球。最近有一个新词使用频率极高，叫作“低碳”，这是来源于 2003 年英国的一份白皮书的概念。这一学说的主张从宏观层面上讲，就是世界经济的发展，要从现有的建立在化石能源基础上的现代工业文明，转向生态经济和生态文明，大力发展阳光经济、风能经济、氢能经济、生物质能经济等等，这当然是权力决策者们的事情。从微观层面上看，就是我们老百姓的个人消费习惯，也要逐步戒除以高耗能源为代价的便利消费嗜好；以关联型节能环保意识戒除使用一次性用品的消费嗜好；戒除以大量消耗能源、大量排放温室气体为代价的面子消费、奢侈消费的嗜好。比如请客吃饭，可不可以不要点一大桌子，吃不了又倒掉？

少用或者不用一次性碗筷、纸杯？少开汽车特别是大排量的汽车？买菜的时候能否少用几个塑料袋？从一楼上二楼能不能不乘电梯？ 1000 米以内的距离能不能步行？等等，不一而足。再比如喝酒，山东人喝酒非要让客人醉倒不可的“礼俗”，恐怕不大符合低碳经济的理念（从山东回来的朋友一提起齐鲁的酒风，真如谈虎色变一般），也有违孔子“惠而不费”的主张吧。

无众寡 / 瓷 摹印篆

君子无众寡

出　　处：《论语·尧曰篇第二十》原文：子张曰："何谓惠而不费？"子曰："因民之所利而利之，斯不亦惠而不费乎？择可劳而劳之，又谁怨？欲仁而得仁，又焉贪？君子无众寡，无小大，无敢慢，斯不亦泰而不骄乎？君子正其衣冠，尊其瞻视，俨然人望而畏之，斯不亦威而不猛乎？"

白话译文：君子不论人多人少（也不论事情大小，都不敢怠慢）。

谈古论今：子张进一步就君子五美问题逐项细问：什么是"惠而不费"？孔子干脆一口气把五个题目全解答了：顺着老百姓的心意，让他们自己去谋取合法利益，这就是惠而不费；选择那些老百姓喜欢干，又有能力干，并且会给他们带来好处的工程让他们干，他们还有什么可抱怨的呢？教育引导他们追求仁德，当他们体会到仁德的美妙时，他们还会贪求什么呢？当你处理群众来信来访的问题时，无论人多人少，也无论事情是大是小，一律秉持公正严肃的态度，积极认真解决，丝毫不敢怠慢，这就是泰而不骄；你接待客人，会见来宾，衣冠整洁得体，态度和善庄重，令人心生敬畏，这不就是威而不猛吗？

无众寡，无大小，无敢慢，儒家一贯倡导这样的亲民作风。现在有些政府机关，衙门作风盛行。门难进，脸难看，事难办。前不久媒体说有位省长到某部委办事(大概是申请什么项目吧)，吃了处长的冷脸，被晾晒近两个小时。省长尚且如此，普通百姓就更可想而知了。孔子身为圣人，但从不盛气凌人。他对待国君当然谨慎恭敬，从不失礼，对待普通百姓，也是温婉平易，和蔼可亲。甚至见到身穿孝服的或者盲人，即使对方年纪并不大，他都是起身致意，以礼相待。如果自己需要从这样的人跟前通过时，孔子都是小步快走，以示恭敬(事见《论语·子罕》)。多么希望政府机关工作人员，特别是掌握审批权力的机关和负责接待群众来访的工作人员，能够熟知《论语》，学习孔子的作风。

礼

君子人格的行为规范

礼是“禮”的简化写法,其实“礼”比“禮”更古老。古代祭神致福的仪式叫“礼”,也叫“礼仪”或“仪礼”。这种仪式都很庄重、规范、严肃,后来引申出社会行为的法则、规范的含义。周代在行礼的时候,开始演奏高雅、严肃的音乐,这种配乐的礼仪,也叫“礼乐”。礼乐具有示范、引导、教育、熏陶等作用,所以礼乐又引申出典章、制度、规矩、法制、文化、文明、上层建筑、意识形态等含义。

礼表示与神的沟通。行礼过程若不检点,就会招致神的不满而受到惩罚。因此古代的君子对于礼怀有敬畏的态度,操作上极为重视和认真,不肯有丝毫的疏忽。包括礼祭时宰杀的牲畜,都必须长得模样标致没有杂毛才有资格入选。夏、商、周三代各有礼仪,称为夏礼、殷礼和周礼。孔子曾率领弟子西去洛阳向老子学习“礼学”,并且对三代的礼仪制度有过独到的评论,认为周礼最为完备,因而他一生都在为恢复周礼而奋斗。在古代,礼是维持社会政治秩序,巩固等级制度,调整人与人之间的各种社会关系和权利义务的规范和准则。礼既是中国古代法律的渊源之一,也是古代法律的重要组成部分。一个人,不管你出身如何,只要有条件有机会,就一定要学习礼,尽早学会适应社会的规矩,否则将会遭到社会抛弃。孔子曾劝诫弟子们说:“非礼勿视,非礼勿听,非礼勿言，非礼勿动”（《论语·颜渊》），并对他的儿子孔鲤说：“不学礼，无以立。”（《论语·季氏》）一个不懂礼法的人，不可能取得成功。礼的重要性，不言而喻。

但是礼往往又会走向僵化、呆板、教条，形成束缚人们思想的桎梏，导致人们谨小慎微、墨守陈规，革新创造不足，最终使活人变成僵尸，社会停滞不前。所以革命者反对礼教是很自然的。鲁迅认为封建礼教是吃人的把戏，毛泽东公开讲“造反有理”。

辩证地看，在漫长的历史进程中，礼作为中国社会的道德规范和生活准则，对中华民族精神内核的养成起了重要作用，有它的历史功劳，今天应该加以继承和弘扬。但礼制中也有很多糟粕，必须扬弃、改造，加进适应现代化的、国际化的新内容，才可以用来向公民普及、教育。对包括礼制在内的传统文化不加分析地一概肯定和一概否定都不是科学的态度。

如其礼乐以俟君子 / 石 摹印篆

如其礼乐，以俟君子

出　　处：《论语·先进篇第十一》原文：子路、曾皙、冉有、公西华侍坐。子曰："以吾一日长乎尔，毋吾以也。居则曰：'不吾知也！'如或知尔，则何以哉？"子路率尔而对曰："千乘之国，摄乎大国之间，加之以师旅，因之以饥馑，由也为之，比及三年，可使有勇，且知方也。"夫子哂之。"求，尔何如？"对曰："方六七十，如五六十，求也为之，比及三年，可使足民。如其礼乐，以俟君子。"

词语解释：礼乐：举行重大祭祀活动时所遵行的庄重仪式及演奏的雅乐。后引申为典章制度，文明载体，社会行为的准则规范。俟：等待，留待。

白话译文：至于行为规范道德精神的构建，就只好留待真有学养的君子来操办了。

谈古论今：这一段对话，是《论语》里最精彩、最重要、也是最著名的段落之一。历来的解说者，都对这一章津津乐道，只不过由于解说者所持立场不同以及学养见识的差别，解释出来的东西会有千差万别甚至驴唇不对马嘴。

整段对话大致是这样：有一天子路、曾皙（曾子的老爸）、冉有、公西华这四位得意高足陪孔子聊天。孔子说，我比你们年长几岁，你们不要顾虑我是老师，大家随便聊聊。平常你们背后总说没人了解自己。那么今天你们都敞开说说，你们都有什么志向，想干点什么？子路立即发言说："假如一个拥有千辆战车的国家，处在内忧外患之中。如果让我来当一把手，不出三年，我就可以让百姓个个变成勇士，而且明白道理按规矩做事。"孔子微微一笑，接着问冉有怎么想。冉有回答说："要是有六七十里或五六十里方圆这么大一个国家，我来干一把，三年之后，我可以使老百姓都过上小康生活。至于推行礼乐，构建文明，那恐怕我就力所不逮，只能留给真有学问的君子来干啦。"

（以下译文的原文因篇幅所限未能援引，读者可查阅《论语·先进篇第十一》）：

"公西华，你呢？"孔子继续提问。公西华回答道："我愿意学习做一个主持人。无论是接待外宾啦，组织类似祭祀这样的大型活动，我穿着礼服戴着礼帽，扮演一个司仪的角色就挺好。""点，你呢？"孔子问曾皙（"点"

是曾皙的名，皙是其字）。曾皙停下正在弹琴的手，放下琴站起来说："我跟三位师兄怕有所不同呢。"孔子说："没关系，各抒己见嘛！"曾皙说："我向往那样的生活：在晚春季节，选个风和日丽的天，带上户外运动的行头，约上五六个朋友，带着六七个小孩子，在清澈见底的沂河里戏水游泳，沐浴在温暖的春风与和煦的阳光下，玩够了，歇足了，尽兴了，然后唱着歌回家。"孔子点头说："嗯，真不错。哪天去别忘了通知我啊！"

这一章精彩的部分基本上就到此为止了。后边是孔子分别对子路、冉有和公西华发言的评价。这里仅就冉有的"如其礼乐以俟君子"略作分析。

文化体系的培植与构建，精神文明的建设与弘扬，可是要比经济建设困难百倍千倍。改革开放三十多年来，中国的经济建设取得的巨大成就为世界所瞩目。三十年前国民经济处于崩溃边缘的中国，如今到处高楼林立，一派繁荣景象。GDP的连续快速增长，二万多亿美元的外汇储备，北京奥运，上海世博……中国崛起的表现，无不令世界惊叹。但是，在文化精神的建树方面，我们就难免有所羞愧了。扪心自问，多年以来除了拼命地赚钱、攒钱，除了不懈地追求别墅阔宅、豪车美女以外，我们在精神上、思想上到底有什么稍微深刻一点的值得我们在世人面前骄傲的东西？或者我们有什么伟大发明与创新，可为世界所瞩目？或者我们有什么良好高雅的气质风范能够令世人对我们肃然起敬或者刮目相看？一个在五千年文明浸润下成长起来的国民，我们自己对于世界精神文明宝库所做的贡献在哪里？如果我们整天只沉浸在对钢筋水泥垒起来的高楼成就的陶醉中，整天只有GDP和外汇储备数据可以炫耀的话（在国际贸易和投资领域中，一味追求巨大贸易顺差和外汇储备，是极其无知的表现。所幸现在已不再以此为炫耀了），那么我们就注定只能是浅薄的。如果承认我们一般的中国人是缺乏宗教感的，我们在四十年前的那个时代所狂热追求的所谓“共产主义”幻觉，随着林彪的出逃和“文革”的终结而破灭了的话，那么今天，我们的信仰是什么？凝聚我们十几亿中国人的共同价值观是什么？即使我们搜索枯肠，恐怕也难有响亮的回答。这个问题，正是两千多年前孔子的这个弟子冉有感到自己力所难及的艰巨任务。在冉有看来，经济建设，是比较容易的。只要政策对了头，即使要把一个饥馑贫穷的国家变成富裕的小康社会，也只不过需要三年的时间而已。但是要把礼乐典章建立起来，用正确的价值观把全体公民凝聚在一起，使人们不仅有富裕的物质生活，而且有丰富多彩的精神追求，实现物质与精神的双富足，这就“难矣哉”了。我想冉有绝不是在这儿卖关子装谦虚，而是确实认识到精神文明建设任务的长期性和艰巨性才发此感慨。今天，要想肩负起传承中华文明的重任，又能够以博大的胸怀谦虚的态度吸收全人类所创造的文明成果，构建起与时代前进相适应的新的而不是陈旧的、勃然灵动的而不是僵化呆板的、真实的散发着生命气息的而不是虚假的空洞的套话大话八股调调的文化精神殿堂，这件事情，绝不是几个上过名校的大学生或者持有注水博士文凭的人撸胳膊挽袖子就能干起来的。

文化的事，还得请文化人来干。专业的事，还是得请专家来。偶尔背几句《论语》诗词装点一下门面，未尝不可。但要靠这个来提升全民族的文化素养道德情操，那就瞎了。冉有虽然政治上搞投机，人品不咋地，但在本章中，他对于文化的态度还算比较老实，所以值得尊敬。

博学于文约之以礼／瓷 摹印篆

君子博学于文，约之以礼

出　　处：《论语·雍也篇第六》原文：子曰："君子博学于文，约之以礼，亦可以弗畔矣夫！"

词语解释：约：约束。

白话译文：君子要广泛学习各种知识，并按照礼法的要求约束自己的行为。

谈古论今：2010年春天，有媒体报道说，一个叫黄松有的人，被河北省高级法院设在廊坊的审判庭终审判处无期徒刑。黄松有何许人也？原中华人民共和国最高人民法院副院长、二级大法官，何其了得！据说这位黄大法官，不仅有法学博士头衔，且业务精通，能力超强，从广东的一个地方法院干起，步步进发，最终迈入北京东交民巷的大院，出任最高法院领导成员，其地位之高，权力之大，可想而知。更可称道的是，这位黄某，虽身居要职公务繁忙，仍博览群书笔耕不辍，于审案判案之余，常有论文发表，且出版数部专著，还身兼数所大学的法学教授，是官场上难得的“学者型”官员。若以“博学于文”衡量，黄某堪称典范！但可惜的是，“约之以礼”这四个字被他抛弃。他知法犯法，分明是一种玩弄法律的心态。只是玩的手法还不够巧，最终东窗事发，由天堂下了地狱，成为“新中国成立以来全国法院系统因贪腐而落马的最高级别官员”，也是创纪录的人物。这真是一个莫大的讽刺。

君子是博学的，行为是检点的。与“约之以礼”意思相近的，还有“君子怀刑”等，都是儒家警世的名言。身居高位者，必须敬畏礼法，谨守规矩。否则一旦堕落，悔之晚矣。

后进于礼乐 / 瓷 摹印篆

后进于礼乐君子也

出　　处：《论语·先进篇第十一》原文：子曰："先进于礼乐，野人也；后进于礼乐，君子也。如用之，则吾从先进。"

白话译文：先接受礼乐教育并取得优异成绩才可做官的人，属于平民阶层，即"野人"。在承袭官爵之后再接受礼乐教育，这样的人是"君子"（即贵族阶层）。

谈古论今：这段话，是《论语》中最费解的篇章之一，历来众说纷纭。

南怀瑾（台湾学者）认为，野人就是人类的先祖。古代人类的文化是质朴、朴野。后来的人接受文化教育，有了修养就成了君子。孔子选择野人而抛弃君子，是因为君子"过分雕凿，反而失去了人性的本质"，所以孔子"宁可取朴野"。（《论语别裁》483—484页）

李泽厚（原中国社会科学院哲学所研究员）认为：

这章义难明。野人是指居住在城外的乡下人（春秋有国野之分，非姬周贵族包括殷遗民居市外，即“野人”也）。孔子为何要从野人之先进呢？不得解。也许，先进者野人，必其最低公约数所在也。（《论语今读》291 页）

石永楙（《论语正》作者）认为，夫子之意，自谓初学者礼乐不足，虽有美质而无文采，则固不免野人之讥；及学问日进之后，则既有美质，而复有礼乐之文，则不独可谓成人，且可谓之君子矣。然吾用其教，则必从先进为之造端。（《论语正 · 知道篇之二》第 13 页）

杨伯峻对这段话的翻译是：孔子说：“先学习礼乐而后做官的是未曾有过爵禄的一般人，先有了官位而后学习礼乐的是卿大夫的子弟。如果要我选用人才，我主张选用先学习礼乐的人。”（《论语译注》109 页）

金诤（四川大学教师）认为，如果与孔子否定贵族政治的“学而优则仕”思想联系起来看，这段话就明白了：“野人”必须先学习了礼乐文化知识，才有可能“优则仕”；而“君子”（贵族）凭借其世袭特权，总是先仕而后学。如果在二者间选择，孔子就要“野人”，不要“君子”。（《传统文化与现代化》1993 年第 3 期 27 页）

《礼记 · 礼运篇》记载有孔子的政治理想：“大道之行也，天下为公。选贤与能，讲信修睦。故人不独亲其亲，不独子其子。”是说天下是大家的，人人都有参与政治的权利与责任。最高领导人和各级管理者，应当由公众推选那些德才兼备的人来担任，而决不是如夏禹以后的“家天下”政治所推行的一套贵族血缘宗法体系的“世卿世禄”制那样，只要生在贵族之家，不管是呆是傻，天生就是当官的料。孔子关于“学而优则仕”、“有教无类”等主张，是针对当时政治被世袭贵族所垄断的社会现实的否定和反叛。孔子一生都在努力进取，想在政治上有所作为，并带领他的平民学生四处奔波，求为所用，是对世袭政治现状的不服与不甘。在本章，“君子”被抛弃，“野人”被选中，如果不能从孔子的政治思想入手解析，就难免陷入困惑了。

三年不为礼必坏 / 瓷 摹印篆

君子三年不为礼，礼必坏

出　　处：《论语·阳货篇第十七》原文：宰我问：“三年之丧，期已久矣。君子三年不为礼，礼必坏；三年不为乐，乐必崩。旧谷既没，新谷既升，钻燧改火，期可已矣。”子曰：“食夫稻，衣夫锦，于女安乎？”曰：“安。”“女安则为之！夫君子之居丧，食旨不甘，闻乐不乐，居处不安，故不为也……”

白话译文：君子三年的时间如果不去演练礼仪制度，那么礼仪制度就会废了。

谈古论今：这话是宰我说的。宰我就是那个文才极好口齿伶俐，但体质较弱，白天睡大觉不肯好好用功，被孔子骂为“朽木不可雕”的家伙。他曾经假设“井下有仁”问孔子要不要为求仁而跳井，把孔子气得够戗（qiàng）。在孔子的所有学生弟子中，宰我是属于比较调皮的，一直不大受待见。所以在整部《论语》中，宰我几乎每次出场都会受到老师的批评，基本没有表扬、肯定的话。这次关于“为礼”的问题也是一样。

事情的起因是讨论“守丧”的期限问题。过去中国人若是父亲或母亲去世，做儿子的无论你在哪里，即使在美国读博士也好，在南极探险也罢，也无论你在干什么工作，哪怕在最高法院做大法官，也要立即放下手头工作，赶紧回家奔丧、守丧，而且一守就是三年。这种传统从周代开始，一直延续到清朝，有数千年的历史。战国时期滕国元首滕定公死后，滕文公（定公儿子）为如何守丧多次向孟子请教。孟子出主意说，要坚决顶住王宫大臣们的反对，坚持三年之丧的规制不动摇。滕文公遵循孟子的主张，坚持在丧棚里呆了五个多月，并且容颜悲戚，表演到位，深受民众爱戴，为顺利执政打下基础。自打民国成立，经过五四运动以后，这一传统逐渐消解了。现在的中国人，不要说三年了，三天恐怕都难以坚持。

守丧也叫守孝，官话叫“丁忧”。在父母的坟茔旁，搭一个茅屋住着，三年内不能吃大餐，不能穿华服，更不能K歌泡巴。一边照管着父母的亡灵，一边种菜种粮，自食其力。一些落榜生，利用这个时间拼命复习功课，守孝一结束，参加考试，很多人得以金榜题名，如愿以偿；有些学者利用这个时间静心读书钻研学问，三年后携专著重返市场，一举成名的大有人在；比较惨的是那些政府官员，有时候事业刚刚起步，突遇“丁忧”，往往措手不及。待三年后再回来，已是斗转星移，朱颜尽改，连办公桌都没了，只能从头再来。明朝的大学士首辅（相当于内阁总理）张居正，万历皇帝的老师，在推行改革路线的关键时刻，突然要丁忧。他装模作样写请假条，15 岁的皇帝自然按老师的意思，批复援例在职居丧。这样的戏一般要连演三场才够味：身为首辅，当然是道德楷模，再三恳求恩准离职丁忧；皇帝以社稷为重，自古忠孝不能两全，极力予以慰留。君臣每一个回合的精彩笔谈，都有秘书们誊抄下来张贴在办公厅，第二天全北京人就都知道了。可偏偏有些人非得戳破这层窗户纸，写了一大堆举报信，揭露张首辅是在演戏，其实根本不想离开权位。这些人的下场自然可知：有的被革了职，有的下了狱，也有的被弄到午门前痛打屁股。这就是万历朝著名的“夺情风波”。虽然张居正如愿以偿留了下来并以铁腕作风推行了多项改革，但最后还是倒了大霉。

按照儒家的理论，守孝事比天大，在这个问题上，没有讨论的余地。孔子和宰我在是否应该守孝的问题上并无分歧，只是前者坚持守三年，后者要求一年而已。应该说，在那样的历史条件下，宰我的主张更符合实际。秦汉以后的儒家，逐渐开始篡改和歪曲孔孟思想，用儒家的包装贩卖自己的私货。在守孝问题上甚至步入歧途走上违背天常伦理的地步。例如后汉末期著名大儒孔融（就是那个四岁让梨的聪明小子），他在做北海相的时候，有一天在路上看见一个人在坟墓边哭泣自己的亡父，就停下来仔细观察。发现这人哭是哭了，脸色却一点都不憔悴。在后汉，所有自以为正直的知识分子，都认为孝子面对亡故的父母，应当悲痛欲绝达到形容枯槁的境界。孔融认定此人离此境界相差甚远，当即把他抓到官府，以“不孝”的罪名杀了。有趣的是，这个以不孝罪名滥杀无辜的家伙，最后也是因为同样的罪名被曹操所杀，这是后话了。但当初孔子的确是主张守孝三年，而且是有系统理论支持的。所以对三年的孝期是相当地坚守，不容置疑的。

问题是宰我同学比较不长眼，专往枪口上撞。他向老师质疑说三年的时间是否太长了？他的理由是三年的时间不练习礼仪、不演唱音乐，就会生疏以至荒废的，“拳不离手曲不离口”嘛，而礼乐制度正是儒家极力倡导并坚守的教化大纲。孔子对宰我的这一问题显然是不大耐烦的。他说：“你要是觉得父母死了你还是白米饭照吃，花缎衣照穿而心安理得的话，那你就干吧，没人拦着你。”师生这一场对话显然是不欢而散。宰我走后，孔子还余怒未消，气哼哼地说：“臭小子真不仁哪！”

儒家关于厚葬久丧的主张，与现实之间往往存有矛盾。这一点就不如墨家薄葬节用的主张更有市场。中国民间有“厚养薄葬”一说，大概是墨家的遗存吧。主张在父母活着的时候，要多尽孝心，好好赡养。老人死后，丧事办起来倒不必过分铺张。至于守孝三年的规矩，民间早就不怎么遵守了。在吃饭面临问题的时候，什么规矩也扛不住。孔子若是今天活过来，看到大家如此忙碌，我想他也会说：“嗯，三年是有点长了，原来宰我还挺有超前眼光的。”

居丧 / 瓷 古玺

夫君子之居丧

词语解释： 夫：语气词。居丧：守丧期间。

白话译文： 君子在守丧期间（吃饭无味，听音乐也快乐不起来）。

（出处、解说均可参见前文《君子三年不为礼》）

三愆 / 瓷 小篆

侍于君子有三愆

出　　处：《论语·季氏篇第十六》原文：孔子曰："侍于君子有三愆（qiān）：言未及之而言谓之躁，言及之而不言谓之隐，未见颜色而言谓之瞽（gǔ）。"

词语解释：愆：过失。

白话译文：与君子谈话容易犯三种毛病：不该说话的时候说话，叫急躁；该说话的时候不说，叫隐瞒；不看人家脸色乱说一气，叫没长眼。

谈古论今：这是很实用的谈话修养，也可以看作谈话时应遵守的礼仪。不仅适合跟君子谈话，几乎所有的谈话都适用。平常我们跟着领导出去谈判也好，拜访客户也好，或者我们居家待客，朋友往来，都免不了参与谈话。你一定有这样的体会，和某人谈话你觉得很开心很舒适，而另外的某人就不行，跟他谈话你会很烦。这是因为有的人会谈话、善谈话，具备谈话的艺术与修养，而有的人就缺乏甚至没有。孔子总结了谈话失败的三种情况：

一是没到发言的时候就开讲，这叫“躁”。这种情况是最常见的。有的人生怕遭到冷落，或者怕被认为没文化，或者为显示自己博学，常常不等人家说完，就贸然插嘴，令主讲者不得不中断思路来回答问题，以致常令主讲者找不回思路而无法收场。这一条毛病，电视节目主持人特别是那些谈话类的主持人最爱犯。他们常常在嘉宾谈兴正浓的时候粗暴地打断人家，自己讲起来，生怕准备的功课浪费了。更有甚者，有一次我看一个访谈节目，邀请的嘉宾是个很有名的专家（外景拍摄）。只见主持人在那里滔滔不绝，满口的专业术语，讲的眉飞色舞。而嘉宾却在一旁不住地点头，直到节目结束嘉宾也没有开口说一句话。这位主持人，属于典型的“躁”狂。

二是该说话的时候不说话，这叫“隐”。这种情况较为少见些，但也不是没有。这种人往往多少有点心理障碍，或者是自闭症患者，属于不大适应社交或者是有社交恐惧症的一部分人。另有些人是因为不愿担责任或为逃避矛盾该说而不说。当然，在特殊的政治年代，很多人为不发违心之论而采取沉默态度，则另当别论。还有一些人善于故弄玄虚，该说而不说，被认为是装深沉，北京人骂人的话叫做“装丫挺”，其实并不能赢得尊敬。无论西方还是东方，“装深沉”的人都不会太受欢迎。

第三种情况最可怕，叫作“瞽”——俗语叫没长眼。谈话不看对象，不注意对方的脸色，不管人家爱听不爱听，不管是否触到人家的痛处，只在那里自说自话。这样的谈话，百分百的失败。遇见这样的谈话者，客气的人会忍耐，或作转移话题的尝试；不客气的也许会拂袖而去，或者干脆下令逐客。

关于谈话的修养问题，孔子在《卫灵公篇》中也曾讲到。他说：“可与言而不与之言，失人；不可与言而与之言，失言。知者不失人，亦不失言。”这是讲要看准谈话的对象。本篇是讲要抓住谈话的时机——既不能早，又不能晚，既不能多讲，又不能不讲。要恰到好处，拿捏好分寸，把握好火候，做到既不失言又不失人，既不躁又不隐也不瞽，这需要一定的智慧，即孔子所称的“知者”。近日从一位网友的博客上读到有人总结的“彻悟人生的金玉良言”，其中有关于说话的三要素：该说时会说——水平，不该说时不说——聪明 ，知道何时该说何时不该说——高明。这与孔子的“三愆”论，可谓异曲同工。

君子无所争 / 瓷 简帛

君子无所争

出　　处：《论语·八佾篇第三》原文：子曰："君子无所争。必也射乎！揖让而升，下而饮。其争也君子。"

词语解释：争：争执，争求。

白话译文：君子没什么可争的事情。若说一定要争个胜负的话，那就是像射箭这种比赛项目吧。双方相互行礼登上赛坛，赛完后下来饮酒庆贺。这种争，也是君子之争。

谈古论今："君子无争"，这是很多中国人的座右铭。中国画里经常表现的梅、兰、竹、菊，被称为"四君子"，都有"不争"的品格。他们个性独具，不肯与世俗合流，因而深受中国"士人"的喜爱。

梅不争春。她笑迎风雪，傲视冰霜，独于苍凉肃杀中起舞。一旦春回大地，万物复苏，她便全身而退，让位于百花。毛泽东有《咏梅》词一首，赞美其品格："风雨送春归，飞雪迎春到。已是悬崖百丈冰，犹有花枝俏。

俏也不争春，只把春来报。待到山花烂漫时，她在丛中笑。”

兰不争宠。她饮露自洁，不卑不亢。安于涧边崖畔，不在意尘俗赏与不赏。唐人韩愈有《幽兰操》诗，颂其操守：“兰之猗猗，扬扬其香；不采而佩，于兰何伤？”

竹不争风。她气节清高，决不攀援依傍。她甚至拒绝开花，以免与人争“蜂”。清代画家郑板桥有诗赞美竹之清高：“一节复一节，千枝攒万叶。我自不开花，免撩蜂与蝶。”

菊不争妍。春温夏暖，百花竞开时节，菊则独处一隅，默默无闻；待到秋风萧瑟，百花凋谢，菊则悄然绽放，尽展天姿。《红楼梦》主人公林黛玉有《咏菊》诗，其中写道：“满纸自怜题素怨，片言谁解诉秋心。一从陶令平章后，千古高风说到今。”

君子不争，是指在鸡毛蒜皮的小节上，不必去争，不屑于争。但如果因此而以为君子一概不争，就像个软柿子一般好捏，那就错了。不要看儒者平时斯斯文文，一副温柔敦厚的模样，可到了关键时刻，真能豁出生命不惜以一死相抗争的，还得是他们。例如明朝的方孝孺、左光斗、史可法。中国男人若是个个都有这种血性，哪里会有后来的甲申之痛、甲午之恨？

君子不争，决不是明哲保身，做缩头乌龟。

争也君子 / 瓷 齐白石体

其争也君子

（出处、白话译文均见前文《君子无所争》）

【谈古论今】孔子似乎预见到后世也许会有人拿类似体育比赛这种事为难他的“无争”理论，所以他自己就先以“射”为例，讲了君子必争的情况，这就堵住了那些爱抬杠的教条主义者的嘴：“如果说定要争的话，那就是像射箭这种比赛项目吧。赛前双方作揖行礼然后登上赛场，赛完后下来举杯畅饮。这种争，是君子之争，输赢皆为君子”。奥林匹克、世界杯，如果大家都不争，那还有什么趣味？中国足球令人失望，不是因为前足协官员、俱乐部、球员他们个个都是不争的君子。恰恰相反，他们实在是太能争了。如果做一个排行榜，中国足球的“竞争力”一定是世界第一。只不过他们争的，不是国家的荣誉、奥林匹克精神，而是钱。所以他们烂。

不以绀緅饰 / 瓷 小篆

君子不以绀緅饰

出　　处：《论语 · 乡党篇第十》原文："君子不以绀（gàn）緅（zōu）饰，红紫不以为亵服。"

词语解释：绀：天青色，深青中透红的颜色；緅：比天青更深的颜色。

白话译文：君子着装不用天青色和比天青更深的颜色做镶边的装饰。

谈古论今：在不同的场合着装是有不同的讲究的，这一点古今中外都一样。《论语》的《乡党》这一篇，主要记录了孔子在各种场合的生活形态。从饮食起居，到庙堂祭祀，类似历代皇帝的《起居注》，可以说是孔子日常生活的全面写照，对研究孔子的审美观、生活习惯以及礼仪观具有十分重要的价值。这里所述及的不以天青色做衣服的镶边，与周代的礼仪制度有关。当时，黑色是正式礼服的颜色，只有在祭祀或朝觐等重大典礼仪式上才可穿着，日常家居若着黑色服装，会被认为是“违礼”行为。天青色是类似铁灰的一种颜色，若更深，就已经接近黑色了。虽说是仅做镶边这样的装饰，那也有违礼的嫌疑，何必招惹这种是非呢？所以干脆回避了，这样多踏实！

孔子是个极为讲究礼仪的人，其一举一动都尽量合乎礼仪规范，深恐失礼。由于经年累月的修养锤炼，孔子到老年时已经达到了“随心所欲不逾矩”的境界。在“乡党篇”里，记载了他生活中的各种讲究，以下略举几例：

吃饭：食不语（吃饭时不交谈）；食不厌精，脍不厌细（主食加工越精越好，鱼和肉切得越细越好）；不时，不食（反季节的东西不吃）；食饐（yì）而餲（ài），鱼馁而败，不食（粮食霉烂鱼肉腐臭不吃）；色恶，不食（颜色难看不吃）；臭恶，不食（气味难闻不吃。这里的“臭”，应读为嗅，是气味。古代香味也叫“臭”，如“其臭如兰”）；割不正，不食（不按规矩切的肉不吃）；

饮酒：唯酒无量，不及乱（喝多少不必限量，以不醉为原则）；

睡觉：寝不言（睡觉的时候不说话）；

走路：行不履阈（不踩踏门槛）；

站立：立不中门（不站在门的中间）；

送礼：享礼，有容色（献礼物时满脸和气面带微笑）；

会客：色勃如也，足躩（jué）如也（神色矜持庄重，迎接客人时步幅小，步速快）；

宴席：席不正，不坐（座位安排不合礼制不入坐）；

乡人饮酒，杖者出，斯出矣（宴会结束时，要等长辈老者都出去了，自己这才出去）；

见齐衰者，虽狎，必变。见冕者与瞽者，虽亵，必以貌（看见穿孝服的人，即使是极亲密的关系，也一定改变平常的态度表示同情；看见戴礼帽的或盲人，即使常相见，也一定有礼貌）；

君命召，不俟驾行矣（国君召唤时，不等车辆驾好马，就自己先步行前往）。

孔子生活在距我们两千多年前的时代，他严格遵循并竭力维护的礼仪制度有些今天已经不再适用了，但其中的道理仍有借鉴和参考的价值。无论时代如何发展、科技如何进步，一定的礼仪修养还是必要的。

不重则不威 / 瓷 金文

君子不重则不威

出　　处：《论语·学而篇第一》原文：子曰：“君子不重则不威，学则不固；主忠信，无友不如己者。过则勿惮改。”

词语解释：重：自重，庄重。 威：威严。

白话译文：做君子的，如果不懂得自重，就不会有威严。

谈古论今：活得有尊严是每个人都追求的。所谓“威”，就是有尊严，有威望，德高望重，人人尊敬。这种尊严从何而来呢？是从自身的“重”而来。一个人，如果你一贯严于律己，勤勉敬业，尊敬师长，友爱同事，积极进取，奋发有为，不论居庙堂之高或处江湖之远，不论身在广众亦或独处一室，处处自重，时时都能以高尚的道德和礼法约束自己，那么你自然而然地就有了威严，他人就会敬重。这是以自重换取的尊严，以尊严累积的威望。君子之所以受人尊敬，受人爱戴，是由于君子一贯严格要求自己，自重自爱的结果。所以儒家极为重视自修、自律、自尊、自爱，认为这是造就君子人格的必备条件。很难想象，一个爱大声喧哗的人，一个随地吐痰的人，一个过马路不在乎红绿灯的人，一个贪得无厌自私自利的人，一个口是心非阳奉阴违的人，在别人的眼中会有什么“威”。这样的人，学什么都等于白费。孔子的学生子夏曾经对于“学习”做过这样的评论：“……那些侍奉父母能竭心尽力的人，那些效忠国家肯舍弃生命的人，那些与朋友交往诚实守信的人，即使没读过书，没学习过，我也认为他读过了学习过了。”这表明儒家十分看重人的行为和实践，认为做到比学到说到要重要得多。毫无疑问，对于一个不知自重的人，他即使学习过了，理论上呱呱叫，子夏先生也会说他“虽学，吾必谓之未学矣”。

重的反面是轻。轻佻、轻浮、轻狂，都是些不受待见的行为。轻浮之徒，虽不必就是小人，但必定不是君子。中国人爱面子，社交中最怕被人看轻。曾子在病重期间，有一番像是临终嘱托的谈话。他说，君子待人接物，要注意三件事。一是穿戴要整齐，二是态度要庄重，三是语气要温婉（动容貌，正颜色，出辞气。参见《君子所贵乎道者三》）。这是在维护自己的“重”，避免被人家看轻。其实这都不过是表面上的功夫，属于外在的形式。真正决定“重”与“威”的，是人内心的道德素养。

生活中有两样东西经常会令人由持重变得轻狂，由君子变成小人。一是钱，二是色。权与钱性质相当，可以换算，所以这里所说的钱包括权。在这两样东西面前，多少英雄豪杰正人君子，变成无耻小人甚至千古罪人。所谓“孔方兄前少君子，石榴裙下无英雄”。远的且不说，近几年揭露出来的贪官们，哪个不是“有巨额来历不明财产”外加“生活腐化堕落作风糜烂”？所以要想搞定某个人，钱与色是最有效的手段。历史上著名的间谍战中，几乎没有不涉及这两样武器的。假如我们要判断面前的这位老兄是人是鬼，是友是贼，那就看看他在钱色面前的表现吧——是狐狸总会露出尾巴的。

《世说新语》中记载过这么一个故事：有两位读书人管宁和华歆，他们一起锄地的时候，从土里锄出一块金（也许就是块铜）。管宁对这块金就像对待石头瓦片一样，不屑一顾。而华歆则拿起来擦擦土，端详一番而后扔掉了。虽然华歆的表现无可挑剔，并且事实证明华歆的人格也很高尚，他官至宰辅却为官清廉一尘不染，但管宁的态度更为令人景仰。面对天上掉下的馅饼，管宁心若止水，无一丝波澜，真正达到了超凡脱俗的境界。

一个人，若果能在金钱美色面前秉持操守，自尊自重，那么可以说，他即使还不是君子，也已离君子不远了。

君子 / 铜 金文

君子怀刑，小人怀惠

白话译文：君子关心的是法律秩序，小人考虑的是恩惠小利。

（出处及解说见《君子怀德小人怀土》）

三戒 / 铜 金文

君子有三戒

出　　处：《论语·季氏篇第十六》原文：孔子曰：“君子有三戒：少之时，血气未定，戒之在色；及其壮也，血气方刚，戒之在斗；及其老也，血气既衰，戒之在得。”

词语解释：戒：警戒，戒备，注意避免。

白话译文：君子有三件事情应该警惕戒备：少年戒色，中年戒斗，老年戒得。

谈古论今：《西游记》里有个猪八戒，是唐僧的二徒弟，沙僧的二师兄。“八戒”其实是佛家的戒律，全称“八斋戒”，是佛教为在家的男女教徒制定的八项戒条。包括不杀生，不偷盗，不淫欲，不妄语，不饮酒，不眠坐华丽之床，不打扮及观听歌舞，过午不食等。孔子提出君子的三戒，主要着眼于从道德伦理修养上培养君子人格，并不具有类似法律、纪律、戒条的约束力。所以比起“八戒”来，“三戒”知名度要小得多。

一戒色。主要针对青少年。青少年正在成长过程中，“血气未定”，身体、心理均未发育成熟，此时若涉情色，将为以后的发育成长带来不利影响，所以世界各国都有未成年人保护法，对于教唆、引诱、容留青少年进行性活动的，均以重罪严惩。但人们经常会把“早恋”混同于“色”加以禁止或打击，弄出很多令人啼笑皆非的故事。例如最近某省制定了一部《未成年人保护条例》，其中明确禁止早恋。其实“恋”与“色”是不同的。恋常常伴随着爱，但不一定涉性；色则相反，未必有爱，却必定涉性。在对待早恋问题上，家庭、学校、全社会都要特别谨慎，在充分保护少年隐私、尊重少年情感心理的前提下，进行适当引导、教育，千万不可把禁止早恋理解为帮助青少年“戒色”。

二戒斗。主要针对青壮年。这个时期的人生，“血气方刚”，意气风发，豪情万丈，斗志昂扬，最易陷入“斗”局。考察历史可以得知，青壮年的斗争精神，有时候推动了历史的进步，也有时候给社会带来巨大灾难。这里的关键，是要能够鉴别出斗的目的，斗的性质。若为真理为道义为多数人的福祉而斗，那是有价值的；若为谬误为邪教为少数人的私利而斗，那是有害的。问题在于这鉴别的能力需要丰富的学识，冷静的思考，独立的判断，而真正具备这种修养的青壮年并不多见。在日常生活中，有些“暴脾气”的人，往往会为芝麻粒的小事而大打出手，甚或弄出人命官司。所以孔子教导我们，在面临“斗”的环境下，要冷静些，要再冷静些，可不要一时冲动，遗恨千古。

三戒得。主要针对老年人。这个“得”，是贪得无厌的得，就是贪。人到晚年，容易生贪念。贪权，贪位，贪财，贪生，贪色，贪一切可贪之物。前几年有所谓“五十九现象”，说的是有些官场的人，一生廉洁奉公，勤勉敬业，眼看要退休了，却突然晚节不保，大肆往家搂钱。当然有些人不一定到五十九才动手，有的提前行动，或者五十七，或者五十二，因人而异。人一沾上贪，麻烦就来了。轻则心神不宁，重则有牢狱之灾。健康、快乐、宁静、安逸的生活就会离他远去。近几年多少贪官在法庭上痛哭流涕悔恨不已，从反面为君子戒得做了很好的注脚。

戒色、戒斗、戒得，孔子虽然是针对不同年龄段的人所说，但也不是绝对的。也有青壮年贪得无厌的，也有老年人好色淫乱的，也有少年爱动拳脚玩刀子不吝的。君子对于色、斗、得三件事，无论处在哪个年龄段，都需谨慎对待，不可马虎。

三畏 / 瓷 古玺

君子有三畏

出　　处：《论语·季氏篇第十六》原文：孔子曰："君子有三畏：畏天命，畏大人，畏圣人之言。小人不知天命而不畏也，狎大人，侮圣人之言。"

词语解释：畏：敬畏。大人：权高位重者。

白话译文：有三种情况会令君子有所敬畏：天命，权威，圣人说过的话。

谈古论今：孔子在《颜渊篇第十二》里回答司马牛关于如何做君子时说过"君子不忧不惧"，但在本篇却又说"君子有三畏"，似乎是矛盾了，其实不然。所谓"不忧不惧"，是指自我反省毫无内愧于心之事；而"三畏"是指对于不同的三种对象要有敬畏之心：

一是天命。天是包括我们抬头所见之天空在内的整个宇宙。天命就是宇宙运行的动力、规律。我们所能感受到的天命，就是日升日没，潮起潮落，花开花谢，人生人殁。

月亮绕着地球转，地球带着月亮一起绕着太阳转。在我们地球的前后左右还有水星、金星、火星、木星、土星……它们和我们一起绕太阳转，太阳又带着我们一家子绕着银河系的某个轴心在转动，银河系也在巨大的运动之中。我们不能选择这运动的速度，也不能选择要不要运动，我们无法抗拒，我们无能为力，这就是所谓的天命。这天命威力无穷，即使把整个地球变成原子弹，其爆炸的力量也不能损害天命之一毛。这天命难道不值得敬畏吗？地球上的一切，无论是自然界还是人类社会，小到病毒、蚂蚁，高贵到总统、皇帝，都逃不脱天命。这天命难道不值得敬畏吗？

二是大人。权威是需要敬畏的，拥有权威的“大人”是需要敬畏的。封建时代在权威面前，若有不敬，那往轻了说，你是找不自在，找抽；往重了说，你是活腻味了，找死。老百姓俗话说“好汉不吃眼前亏”，《论语》说“危邦不入”，都是对威权的回避，是保身的明哲。坦克车碾轧过来，再勇敢的战士，也是要躲避的。孔子称赞蘧（qú）伯玉，说他“邦有道，则仕；邦无道，则可卷而怀之”；称赞南宫适“邦有道，不废；邦无道，免于刑戮”；称赞宁武子“邦有道，则知（智），邦无道，则愚”。这些被孔子直接呼为“君子”的人，都是善于在恶劣环境下保存自己，绝不是以螳臂当车做无谓牺牲的人。当然，畏大人是有原则的。若为真理，为救国救民，虽面对九五之尊的皇帝，也要敢于抗争，敢于直谏，而不是明哲保身临阵脱逃。

三是圣人之言。圣人是最高的人格典范。在中国人的心目中，圣人就好比是基督教徒心目中的耶稣，穆斯林心目中的真主一样。圣人道德高尚，品行无瑕，先知先觉，大智大勇。圣人所说的话，大多是真理，几乎可以说是放之四海而皆准。圣人即使有些过错或瑕疵，人们也看不见，或者说不愿意看见。圣人一般都生活在很久以前，他们的所有缺点都在长期的传说中被过滤掉了。孔子以前的圣人，有尧舜禹汤文武周公，孔子以后，能称得上圣人的，就少得可怜了。孟子被称为“亚圣”，曾子被称为“宗圣”，离圣人还差那么一截。圣人之言留下来的，在我们中国，有《易经》、《论语》（四书五经乃至十三经都可以看作是圣人之言）；在外国，有《圣经》、《古兰经》等。对于这些宝贵遗产，我们应当心存敬畏，不可以藐视，不可以亵渎。

【涂宗涛批注】对圣人之言，也要取与时俱进的态度。要站在今天的高度，吸其精华，弃其糟粕，有所敬畏，有所借鉴，有所学习，有所批判。决不可一味的敬畏，原封照搬。对待传统文化是如此，对待西方文明也是如此，对待马、恩、列、斯、毛也不应例外。教条主义、本本主义的教训必须永远牢记。

君子哉蘧伯玉 / 瓷 摹印篆

君子哉蘧伯玉

出　　处：《论语·卫灵公篇第十五》原文：子曰："直哉史鱼！邦有道，如矢；邦无道，如矢。君子哉蘧伯玉！邦有道，则仕；邦无道，则可卷而怀之。"

白话译文：蘧伯玉啊，真是个君子！

谈古论今：蘧伯玉是卫国的大夫，跟郑子产、齐晏婴一样，都是春秋时期的大贤人。孔子周游列国期间，曾多次住在蘧伯玉家，所以他对蘧伯玉的君子修养有细致的观察和切身的体会。据说有一天晚上卫灵公与夫人坐在宫里闲聊，忽然听得远处传来马车的声音，在快到宫门的时候，马车的声音突然消失了。过了一会儿，车声才又重新响起，似乎已过宫门而去。卫灵公感到很奇怪，说这是谁的车啊？夫人说，这一定是蘧伯玉的车。卫灵公更觉奇怪了：你怎么知道是蘧伯玉的车呢？夫人答道：官员们凡路过宫门都要停车下马，步行而过，这是为表达对君王的敬意而形成的礼仪。真正的君子，不会只在光天化日下才持节守信，也不会因为独处暗室就放纵堕落。蘧伯玉是我们卫国的贤人，以他的修养为人来看，他一定不会因为是在夜里就不遵礼节，驾车奔驰而过，因此这一定是他了。第二天卫灵公派人查访，结果正如夫人所料。

有一次蘧伯玉在出使楚国的路上，遇见了正要投奔他国的楚公子皙。他早就知道公子皙是个难得的人才，不免询问一番。公子皙说：我听说第一流的人才可以将妻子托付给他，第二流的人才可以让他捎话，第三流的人才可以将财物托付给他。若是一人三者兼备，便可以托付身家性命。是不是这样呢？蘧伯玉说：我明白了。蘧伯玉觐见完楚王后，将话题转到人才。楚王问蘧伯玉：你说哪个国家的人才最多呢？蘧伯玉答道：当然是楚国。楚王听后十分高兴，可蘧伯玉接着说：但楚国不会用人。楚王听了一愣。蘧伯玉接着说：伍子胥，是楚国人。但他被逼无奈投奔了吴国，在吴国当了宰相，发兵攻打楚国，最后楚平王被掘墓鞭尸，使楚国蒙受大耻。衅蚡（fén）黄，也是楚国人，一样背井离乡去了晋国。他受到晋国的重用，治理七十二县，创造了路不拾遗夜不闭户，老百姓安居乐业的安定局面。今天我在路上碰见了公子皙，此人是当今楚国难得的人才，可他也要离开楚国，不知道要去为哪一国效力了。楚王听到这里，恍然大悟，拉着蘧伯玉的手说：若无先生之言，楚国又将失去一位大才。于是连忙派人快马加鞭追回公子皙，并拜之为相。

蘧伯玉为人正派为官清廉学养深厚又富于自省。据说他每一天都会思考前一天所犯的错误，力求使今日之我胜昨日之我；他每一年都要思考前一年的不足，到了五十岁那年，仍然在思考之前所犯的过错，所谓“年五十而知四十九年非”。在本篇中，孔子先批评了史鱼的过于直，总是像箭一样，不知道根据形势的变化而调整自己。然后才称赞蘧伯玉是真正的君子：当政治清明君王有道时，则出仕为官辅政治国，为国家贡献才华；当政治黑暗君王无道时，则归隐田园啸傲山林。天生我材必有用，大丈夫能屈能伸——这才是君子格调。

今河南省卫辉县有蘧伯玉的墓。

孰先传焉 / 瓷 摹印篆

君子之道，孰先传焉

出　　处：《论语·子张篇第十九》原文：子游曰：“子夏之门人小子，当洒扫应对进退，则可矣，抑末也。本之则无，如之何？”子夏闻之，曰：“噫！言游过矣。君子之道，孰先传焉？孰后倦焉？譬诸草木，区以别矣。君子之道，焉可诬也？有始有卒者，其惟圣人乎？”

词语解释：孰：谁，哪个。传：传授，讲解。

白话译文：君子之道内容丰富，哪个该先讲哪个该后讲（是不必教条的）。

谈古论今：子游和子夏都是孔子的学生。子游小孔子 45 岁，子夏小孔子 44 岁，都是孙子辈的。子游是吴国（今江苏）人，子夏是卫国（今河南）人。这二位同学，虽然年龄小，但都是孔门翘楚，出类拔萃者。子游就是那个在武城做首长，以礼乐治政，被孔子戏称“用牛刀杀鸡”的同学。子夏的故事就更多了，孔子关于要做“君子儒”,“态度决定一切（色难）”的言论,就是对子夏说的。子游和子夏在孔子过世后，都各自回到自己的国家开科办学。虽然同出孔门，但他俩的教育思想和教学方法却不尽相同。子游是“务本”派，主张以培养学生的美德为教育的根本；子夏是“标本兼治”派,除了传授儒家的“仁学”以外，还在学生中搞些实用的职业培训，譬如“礼仪”方面的知识。这一段对话，是他俩不同教育理念的一次激辩。

当子游了解到子夏学院的课程设置时，便直截了当批评说：“这样教出来的学生，会扫地，知道应对的礼节，懂得进退的分寸，倒也无可厚非。只是这都不过是些细枝末节而已。先生（孔子）教导我们‘君子务本，本立而道生’，没有了本，会扫地又有什么用呢？”子夏当然不爱听了。他生气地回应道：“姓言的什么逻辑啊！君子之道，内容丰富之极，哪个重要，哪个不重要？先教哪个，后教哪个，难道有什么一定之规吗？花草树木，如果没有枝繁叶茂,其干本怎能成长壮大、顶天立地呢？难道‘务本’就是整天喊口号、背教条吗？”看来子夏是有点急了，一连用了好几个反问句，大有不容辩驳之势。

子夏的教育理念，在当时是颇受争议的。子张就批评过子夏的“交友”理论（见后文《君子尊贤而容众》）。但在这一次与子游的争论中，我倒是赞成子夏的。子夏教育学生从学习扫地开始，看起来有些可笑，其实是有道理的。扫地虽然简单，但其中蕴含着丰富的礼学精神。比如客人正在吃饭，服务员拿着笤帚来了，热火朝天扫起来，客人一定会不高兴。因为扫地的时间不对，服务员没有考虑到飞扬的尘土会给顾客造成伤害，也就是说服务员的心中只有扫地这件事，而没有顾客所应受到的关怀与尊重，也就是没有“仁”的精神，“礼”的修养。所以不可以说，扫地是不用学习的。如果我们从很小的时候，就学习并正确掌握了怎样扫地，怎样吃饭，怎样走路，怎样说话，怎样对待父母尊长，怎样对待同事属下，怎样认识宇宙万物，怎样看待进退荣辱……那么这个世界一定会文明很多、和谐很多，不是吗？可惜中国社会从五四运动提出打倒孔家店以来，“礼”的教育被当做垃圾丢掉了。青年人到了社会上，都不知自己该站哪儿，该坐哪儿，哪句话该说，哪句话不该说，成了一群“无礼”之人。时至今日，这个问题仍然存在。台湾大学校长李嗣涔（cén）先生，在台大开学典礼上，呼吁大学新生先从帮妈妈洗碗做起。我想李校长一定是子夏派的教育家了。

焉可诬也 / 瓷 摹印篆

君子之道，焉可诬也

白话译文：君子之道，怎么可以歪曲、误解呢？

（出处、解说等均见前文《君子之道，孰先传焉》）

知

君子人格的科学态度

知与智同源，先秦典籍中知、智通用。知既有知识、知道、了解、感知、记忆、主持、掌握等意义，也有判断、聪明、智谋、智慧等含义（这一层含义后来专由“智”来表示，二字才有了分工）。《论语》中“知”出现116次，其中25次是代替“智”出场。

知是君子人格构成的要素之一。孔子说：“知者不惑”，什么事都明白，这不那么容易，连孔子自己都说无法完全做到。孟子把仁义礼智称为“四端”。他说：“是非之心，智之端也。”君子必须具备辨别是非的能力，特别在大是大非问题上，装糊涂可以，真糊涂不可。君子行善也好，济困也好，或者为某种政治采取行动，其所做的一切，都是在纯正动机和清醒认识的指导下自觉进行的。一个无知的人，也许会做出某些壮举，他可以因此被称为英雄，可以当模范，但他绝不是君子。冯友兰先生说：“智是人对于仁义礼的了解。”如无了解，那么即使他的行为合乎仁义，也并不是仁义的行为。

君子“知”的范围极其广泛。《论语》要求君子做到知言、知人、知耻、知礼、知“道”、知命等等。知言就是能通过他人的言语准确了解人家的内心。孟子说他善于“知言”：“诐辞知其所蔽，淫辞知其所陷”，几句话就能听得出讲话者是真的学有专长还是装腔作势，是确有诚意还是敷衍搪塞；知人就是善于与人沟通，了解别人的心思优长就像了解自己有几个手指一样。《金刚经》称："佛告须菩提，尔所国土中所有众生若干种心，如来悉知。"君子要像如来一样，能够洞悉人心，敏察人意。孔子说："不患人之不己知，患不知人也"（别人不了解自己倒没多大关系，就怕自己不了解别人）；知耻就是有羞耻之心。孟子说："耻之于人大矣。"（羞耻对于人来说至关重大）"人不可以无耻。"孔子说："知耻近乎勇。"知礼就是懂法守法，言谈举止都在规矩礼仪的范畴内；知"道"，就是明确人生的大目标，明白自己该干什么，能干什么，绝不胡来；知命就是懂得事物发展的规律，能够顺应天命，不做逆潮流而动的事情。孔子说："不知命，无以为君子。"

知，从学习中获得，到实践中锤炼，日积月累，最终铸就智慧美的人格。子贡说："学不厌，智也。"君子一定是爱学习、会学习、学得扎实通透、终生学习不够的人。虽说爱学习的人不一定都能成为君子，但不爱学习的人一定不会成为君子。学习的途径无非是两条：一是向前人学习，这就要读书（现今的中国人普遍不爱读书，有人预言称中国终将成为低智商国家，但愿这是别有用心者对我们的诽谤）；二是向今人学习，这就要注重实践，在现实生活中学习。

五四新文化运动以来，多位文化干将批评以儒学为核心的中国传统文化缺乏科学精神。虽然新儒家对此早有驳议，但在主流意识非孔的大环境下，他们的声音微弱得可怜。平心而论，儒家虽然没有提出分子原子理论，也没有发现类似牛顿定律的科学公式（这样要求儒家是不够厚道的），但孔孟反复强调的“知”，难道不是科学精神吗？

一言以为知 / 瓷 摹印篆

君子一言以为知

出　　处：《论语·子张篇第十九》原文：陈子禽谓子贡曰："子为恭也，仲尼岂贤于子乎？"子贡曰："君子一言以为知，一言以为不知，言不可不慎也。夫子之不可及也，犹天之不可阶而升也。"

词语解释：知：聪明，明白，智慧。

白话译文：君子通过别人一句话就可以判断出说话者的水平。

谈古论今：一句话有可能会显示出你的才华学养深不可测，令听者动容闻者敬仰；一句话也有可能暴露出你的浅薄无知庸俗轻佻，使你颜面丢尽光彩无存，所以"言不可不慎也"。

2011 年 5 月，北京故宫博物院珍贵展品被盗。警方破案后，故宫送给北京市公安局两面锦旗，其中一面上写："撼祖国强盛，卫京都泰安。"很显然，"撼"应为"捍"，这连小学生都应该知道。当公众指出这个错字以后，故宫方面的回应竟是：“‘撼’字没错，显得厚重。跟‘撼山易撼解放军难’中撼字使用是一样的。”

故宫作为中国文化的重地，那里不仅有众多的所谓“专家”、“学者”，而且故宫的主要领导人，同时又是文化部的高官。在严密的安保措施保护下，故宫的宝物失窃就已经令公众大跌眼镜了，想不到他们居然有气魄将一个连小学生都不容易误写的错字展示给全世界。更令人震惊的是，当公众指出这个错字的时候，他们还能强词夺理死不认错。按照“一言以为知，一言以为不知”的道理，故宫博物院因为这一个“撼”字，就是名副其实的不知，不知就是愚蠢。文化圣地无文化，故宫这一次大丢脸面的事件，同清华大学校长 2005 年在宋楚瑜面前不认识“侉（kuǎ）”字而语塞丢丑的事件一样，将在很长时间内成为人们茶余饭后的笑料（注：5 月 16 日故宫终于顶不住舆论压力认错道歉了。不过为时晚矣）。

诸如此类的“不知”事件多如牛毛。国庆六十周年前夕，有一天我听央广新闻报道空军飞行编队在天安门上空做预演。播音员把新闻稿中的“长机”读成“常机”，我想这位“常机”主播，一定是“不知”的吧？飞行编队中有长机、僚机，这是极简单的小常识。前不久有一份报纸报道中国科协年会，文章中引用中国工程院副院长杜祥琬院士的话说："我一生就写了一篇文章，只有5000字，按照现在的学位标准，可能连硕士学位都得不到……"其实杜院士的原话是："老子一生只写了一篇文章……"显然是在说老子的《道德经》。而某报编辑却以为"老子"是杜院士自称呢，就把"老子"改成"我"了。像这样无知的笑话现在的媒体上可是不少见呢。CCTV《发现之旅》栏目曾经播出的寻找三河源节目，配音用十分纯正的汉语说："黄河……流经五千多公里后东入黄海。"这种低级错误出现在中央级别的电视台科教节目中，就像是给那些所谓的编导、专家、顾问、总编、编审、博士硕士学士们扇了个大大的耳光，怎能不叫人难过！三十年前过穷日子的时候，是米饭里沙子多，文章里沙子（错别字、语病）少；现在经济发展了，生活富裕了，米饭里沙子没了，可文章里的沙子多得令人不能卒读。这可怎么解释好呢？

近日一位"专家"在某广播电台作嘉宾，解读伊朗核问题。他把"钚"（bù）读成"环"，在那里"环"来"环"去地"环"了半天。最后大概是有听众实在忍不住了，打电话进去，这位"专家"才在主持人的提示下做了纠正。按照子贡"一言以为不知"的理论，这位"环专家"应属"不知"之列，绝对的伪专家了吧？令人不解的是，伪专家是如何登上大雅之堂的呢？

网上曾有个“一言以为不知”的事件较为有趣。说的是在百度西安吧里，有一位热爱西安的女网友发帖说，一天她和男朋友路过书店，想买张西安地图，书店出售的地图是按省区分的,男友跑到甘肃省里去找。她马上说，西安是陕西省的，男友却说：“应该是甘肃的吧。”“我差点没晕倒，我已经决定了，要跟他说拜拜，大家说这么没文化的人我要他干什么？”她认为：“西安是哪个省的只是常识，不该不知道。”这位女网友因此把她的男朋友给“踹了”。对于她的举动，网友们有赞成的，有反对的，吵得不可开交。依我看，如果这位“男朋友”没有其它方面的显著特长，踹掉也罢，不足为惜。因为从这一点小小常识上即可看出他是“不知”的。对于男人,长相啦，出身啦，学历啦（尤其是近几年的注水学历更是不足挂齿），都不重要。但若缺失了聪明才智，要想事业有成那是决不可能的。有心计的女孩，是能够从一言一行中观察到未来夫婿的“知”与“不知”的。对于那位被踹的男友而言，如果他能从此发愤学习，增长见识，成为“知”者，那么这一次的出局，未必是件坏事。

不知命无以为君子也 / 瓷 摹印篆

不知命，无以为君子也

出　　处：《论语 · 尧曰篇第二十》 原文：孔子曰：“不知命，无以为君子也；不知礼，无以立也；不知言，无以知人也。”

白话译文：如果不懂得事物发展变化的规律，就不能成为君子。

谈古论今：这段话在《论语》中是收尾的话，带有结语、总括之义。“知命”或许是君子修养的至高境界吧。

中国人说到命，似乎总有一种神秘感。即以最常见的“生命”一词而言，其中一半就是“命”。这是说，一个人的出生成分，生在哪里，什么肤色，是俊美还是丑陋，是富贵还是贫寒，这些都不是他自己所能取舍，而是命中注定的。世界上一切生物的生老病死，乃至自然界的沧海桑田，大致也是如此。古代中国人把这种不以人的意志为转移，具有客观必然性的神秘力量称为“天”、“命”、

"天命"。儒家的天命观，是指宇宙间的事变，在人力极限之外，为人力所无可奈何。它不仅包含了一切偶然性，也包含某些必然性。把它叫作"上天的意志"或"上帝的命令"也未尝不可。老百姓管它叫"天老爷的算盘珠"。在当代中国人的语汇里，仍有不少这种天命意识。比如说"人的命，天注定"，"谋事在人成事在天"，"人算不如天算"，"计划赶不上变化"等等。孔子及其儒家传人，在天命面前，也是徒唤奈何。例如孔子说："道之将行也与，命也；道之将废也与，命也。"孟子说："求之有道，得之有命。"子夏说："死生有命，富贵在天。"科学发展到今天，人类能够登临月球，能够派出飞船探测火星、木星、土星，甚至更遥远的星球。对宇宙的认识越深入，我们就越是感到宇宙力量的神秘和伟大，越是感到人类自身力量的渺小和微不足道，就越发不敢妄谈什么扭转乾坤，改造自然。对于一个独立的生命个体而言，且不说我们无法左右"天"的力量，诸如地震、海啸、台风、潮汐、日出日落、寒来暑往、花开花谢，就是人类自身社会的变迁，我们虽然置身其中，却也无能为力：一个民族没落了，另一个民族崛起了；一个国家衰亡了，另一个国家勃兴了；一个朝代崩溃了，另一个朝代上台了；一个政党下野了，另一个政党掌权了；曾经富甲天下的人变成穷困潦倒的乞丐，从前的叫花子如今君临天下牛气哄哄……请问这阴阳的转换，对立的统一，有谁能够阻挡？没有谁可以阻挡，因为这是命，天命。

懂得这个道理，就叫“知命”，或叫“知天命”。孔子说他“五十而知天命”，天才圣人级别的孔子，要到五十岁的时候，方才懂得这样的道理，说明“知命”并不那么容易。对于“命”，人们经常会在“知”与“不知”之间徘徊：昨天刚弄明白的，今天却又糊涂了；二十岁就明白的事，到三十岁却糊涂了；经历这件事明白了，经历那件事又糊涂了；遇着张三明白了，遇着李四又糊涂了……有的人智商高，情商也高，明白得早，所以他少年得志，一路顺风；有的人开窍晚，所以他坎坷遭际，大器晚成；也有人一生不开窍，糊涂到死；更有人少年明白，老来糊涂，弄个晚节不保，前功尽弃。

知命对于君子，是必修的功课。君子要有一定的科学文化知识，要有一定的哲学理论修养，对事物发展变化的规律有清醒的认识，并且能够顺应变化，做出符合事物规律的行动。在政治清明、国泰民安的时代，君子要积极进取，发挥才干，为社会做出贡献；在政治黑暗、阴阳倒错的时代，君子要收敛锋芒，卷而怀之，免于刑戮，以待新机。君子就像高明的船长，无论什么风向，都不会翻船。而如果修养不够，把大势看反了，那就成了逆势而动的小丑，必然会遭到命运的捉弄。

不知盖阙如 / 瓷 摹印篆

君子于其所不知盖阙如也

出　　处：《论语·子路篇第十三》原文：子路曰：“卫君待子而为政，子将奚先？”子曰：“必也正名乎！”子路曰：“有是哉，子之迂也！奚其正？”子曰：“野哉由也！君子于其所不知，盖阙如也。

白话译文：君子对于他所不知道的问题，采取空阙的办法（不勉强给出答案或者装懂）。

谈古论今：这一段对话，火药味很浓。与其说是师生之间的一堂讨论课，不如说是不同政治观点的两派代表之间的一场激烈交锋。事情的起因还是关于卫国现政权的合法性问题。当时卫国的元首卫出公（名蒯辄），是从他爷爷卫灵公的手里接的班。而他流亡在晋国的父亲蒯聩，企图回来争夺君位，国内也有支持的势力。蒯辄还有一位叔叔公子郢，是卫灵公生前就看好并钦定的接班人。但公子郢品德高尚，辞让不就。所以卫出公这个元首位置，其实是公子郢让给他来坐的。而如今他爸爸要回来，叔叔虽然不稀罕这个位置，但舆论却都站在那边，希望他出任大位。乳臭未干的卫出公，面对这样复杂的政治局面，还真有点不知所措。在这个问题的认识上，弟子子路与恩师孔子存有根本的分歧。孔子认为，卫出公及其父亲蒯聩，都应该学习前贤伯夷、叔齐、泰伯，主动放弃大位，请公子郢上台。为此孔子还多次拜访公子郢，试图动员公子郢出山（《论语·雍也篇第六》“子见南子”一章即指此事，可惜历代注家都解释为孔子见的是卫灵公的夫人），子路为此大为不悦。在子路看来，卫出公合法接班，无可置疑。作为臣民，即应坚决拥护，誓死捍卫。子路说到做到，多年以后果然为出公而殉了难。就是在这样的背景下，师徒二人展开了交锋：

一开始子路说：“卫国的元首（出公）若请您去帮助治理国政，您打算从哪儿下手呢？”孔子说：“当然一定要先正名分的（必须动员他让位）。”听恩师这语气，子路知道这是触了雷了，逃避是不可能的了，必须戳破这层纸。于是对老师说出这么一句话：“有是哉，子之迂也！奚其正？”杨伯峻先生把这句话翻译成的白话文是：“您的迂腐竟到如此地步吗！这又何必纠正？”迂就是迂腐，说老师迂腐，就相当于今天说老师“老糊涂了”，子路可真不愧是“伉直”的样板。这可惹恼了孔子，先是大骂他“野哉”,然后一路劈头盖脑把子路好好地教训了一番：你小子，还没弄明白我的意思，就说我迂腐，真是没教养！对于不懂的事，别胡乱插嘴！做君子的人，对于自己不了解、不清楚的事情，都是采取谦虚、谨慎、保留、空阙的态度，直到弄明白了再来发表意见。可不是像你这样没头没脑地乱发议论！不懂就是不懂，千万别装懂，这和“知之为知之，不知为不知，是知也”是一个道理。

关于正名的重要性，我们这里且不去讨论吧。孔子在本篇提出的“阙如论”，我们应该好好领会。即使在今天，无论是做学问还是为人处事，这种态度都是有意义的。谁也不可能天下的事全知道，即使知道也未必正确。面对一个不熟悉的问题，千万别装腔作势东拉西扯云山雾罩胡诌一气，干脆老实说：“这个我不懂。”这是一种实事求是的态度，是一种科学的精神，是诚实的品德表现。孔子认为，作为君子，谨慎对待自己不熟悉的事物，可以避免尴尬甚至可以免遭祸患。在另外一个场合，孔子对正学习“干禄”的子张说：“多闻阙疑，慎言其余，则寡尤；多见阙殆，慎行其余，则寡悔。言寡尤，行寡悔，禄在其中矣。”

现实生活中如果稍加留意我们会发现，越是学问高的人，他“阙如”的问题越多；而没读过几本书的人，反倒什么都懂。你随便提个问题，他都能给你白话一大通。至于有些伪专家伪学者在电视里在广播里或在讲台上，大肆演讲伪科学、伪知识、伪理论，那已经是另外性质的问题了。

二十世纪英国著名哲学家维特根斯坦说，对于不可说的东西要保持沉默。他是从哲学的边界或有限性上告诫哲学家应该知道什么时候退场。孔子则是从普通人的个性修养上，告诫君子应该知道什么时候闭嘴。

名之必可言言之必可行 / 瓷 摹印篆

君子名之必可言也，言之必可行也

出　　处：《论语·子路篇第十三》原文：子路曰：“卫君待子而为政，子将奚先？”子曰：“必也正名乎！”子路曰：“有是哉，子之迂也！奚其正？”子曰：“野哉由也！君子于其所不知，盖阙如也。名不正则言不顺，言不顺则事不成，事不成则礼乐不兴，礼乐不兴则刑罚不中，刑罚不中则民无所措手足。故君子名之必可言也，言之必可行也。君子于其言，无所苟而已矣。”

白话译文：君子立论用语命名一定要可以解释得通，不违礼法，并具有可操作性。

谈古论今：二十年前，我的邻居老乡生了个宝贝女孩，请我给起个名字。我推辞不过，就从《文心雕龙》里选了“诗心”送给他们夫妇。如今小女孩“李诗心”已经长成大姑娘，亭亭玉立。前不久去他们家做客，老乡夫妇说这个名字好，人人都夸。女孩也颇为自己的名字而得意。一个好听又富含意蕴的名字，会给孩子带来积极的影响（甚至好运），这是毋庸置疑的。在给某个人或事物命名的时候，一定要有对这个名字的准确而详细的解释，要符合该事物的身份，体现其特征并考虑到它的实践价值。也就是给人家起个名字，一定要有内涵有理由有讲究。譬如韩美林先生设计的北京奥运会吉祥物“福娃”，就是一个在挖掘中华文化和北京特色的基础上，赋予“贝贝”等五个福娃形象以深刻涵义，并充分考虑到吉祥物的宣传、生产、营销等等各种细节可行性的运作过程。实践证明，“福娃”的设计是非常成功的。我们平常若听到某人的一句话、一个词，或看到某一幅绘画，听到某一首乐曲，得到某一个设计方案而感到新奇或不解时，会期待作者进一步作出解释，有时会直接要求他说出个“子午卯酉”来。若他言之成理，我们会投他的赞成票，如果他说不出道理来，或者虽然说了一大堆，却是些歪理，我们就会投他的反对票。

平常我们赞扬一个人或一件事情，会用“名副其实”或“实至名归”这样的词，反之则有“名不副实”“徒有虚名”等等，来表达我们的厌恶。如果号称一个“艺术家”，却没有一部能拿得出手的艺术作品，那算个什么艺术家呢？刚刚去世不久的吴冠中先生，生前曾经批评某家协会“就是一个衙门，养了许多官僚，很多人都跟美术没关系，他们靠国家的钱生存，再拿这个牌子去抓钱”。著名青年作家韩寒也有过更为严厉的措辞批评另一家协会。类似的问题,还有更多。譬如有的政府官员拥有的“硕士”、“博士”头衔，大家都知道那是怎么回事，可人家就是能凭着顶尖的学历不断高升。最近又有揭露某位名人学历造假的事，引起反响不小。其实一个商人，学历的高与低并没有什么了不起。比尔·盖茨大学没毕业，人家早已成为世界首富，并且还把自己的财富捐出来做慈善事业，品德高尚，人格完美。谁会因为盖茨学历不高而低看他呢？看看我们当今的社会，有拿钱买名的，有以权谋名的，有为名卖身的，有要名不要命的，真是五花八门无奇不有。

名分的问题，在中国数千年的历史中，可以说贯穿始终，从未间断。孔子生活的时代，这个问题就很是严重了。所以当子路问孔子说：“如果卫国国君请您出山打理朝政，您准备先从哪儿下手呢？”孔子语气坚决地说：“必也正名乎！”因为在孔子看来，卫国在卫灵公死后，所确定的接班人——公子辄即卫出公，黄口小儿，乳臭未干，是个缺乏历练呆头呆脑的家伙，根本无法胜任国家元首的职责，而且遴选程序有违礼制，这将引发卫国的政治动乱，是决不可等闲视之的，必须予以纠正（卫国后来发生的事件，证实了孔子的判断)。

名的问题，往小了说，不过是个心情，是个趣味，是个修养，是个讲究。往大了说，则可能关乎国家兴亡、民族前程，所以不可不慎。

无所苟 / 瓷 小篆

君子于其言无所苟而已矣

词语解释：苟：马虎，含糊，凑合。

白话译文：君子说话用语措词立意都要有根有据，不可信口开河胡言乱语。

谈古论今：这句话是接着前一句来的，是以劝诫的语气对“君子名之必可言也，言之必可行也”从反面作进一步解释，是对君子语言行为的限制和约束。这里强调的是“无所苟”，即不要无根据地发议论，不要“妄言”，不要含糊其辞，不要“也许、差不多”。

（参见《君子于其所不知盖阙如也》、《君子名之必可言也，言之必可行也》）

不可小知而可大受 / 瓷 古玺

君子不可小知而可大受也

出　　处：《论语·卫灵公篇第十五》原文：子曰："君子不可小知而可大受也，小人不可大受而可小知也。"

白话译文：君子不可以从小节上了解他而可以让他担当重大的责任。

谈古论今：这句话似乎是对君子的同事说的，或者不如说是对君子的领导说的。你的手下若是位君子，你可千万不要总在小事小节上挑剔他，譬如他某一次说话让你不舒服了，他偶尔迟到那么一两次等等。你如果老盯着这些事，并且想通过这样的事情来考察君子决定其使用与否，那么你可能永远都只能与小人为伍。因为只有小人才是"可小知"的，君子是"不可小知"的。历史上小人往往得志，是因为小人自知才疏学浅，没多大能耐，要想混下去，必须在小事上处处领先。所以像溜须拍马，谄媚献勤这种事，小人就会干得特别地道。看看历代的宦官，凡是后来坐大的，一定都是"小知优胜者"。

像明代的魏忠贤，清代的小安子、小李子，都是很好的样板。一个国家，若是让这些家伙当了道掌了权，那离亡国可就不远了。一个企业若是让这样的人把持着经营管理权，那离关张也是指日可待了。

君子是那种可以“大受”的人，就是可以承担重大的任务，可以领受挑战性的事情。请不要弄些婆婆妈妈的人来管理君子，也不要弄些芝麻谷子的事情交给君子来做。就像“伯乐相马”的故事里那位用千里马拉盐车的人，马虽是好马，可用的地方不对，它还不如一头骡子呢。如果你需要耕地，那就买一头牛；如果要拉磨，那就买一头驴。千万不要精挑细选千里马来干些耕地拉磨的活计。那样不但糟践了千里马，你自己也没有效益，两头不划算。清人顾嗣协有诗云：“骏马能历险，犁田不如牛。坚车能载重，渡河不如舟。舍长以就短，智高难为谋。生才贵适用，慎勿多苛求。”

当然话又得说回来。咱要是君子，咱先得有那“可大受”的本事，然后得亮出咱“可大受”的活计来。不然的话，咱整天一副“可大受”的派头，不屑于那些个针头线脑的“小知”。一旦来了大受的活儿，咱又抓耳挠腮，支支吾吾，给人家弄砸了，那可是丢人现眼无地自容了。倒不如咱放下身段，谦虚着点儿，从“小知”做起，能屈能伸，能大能小，至少落个态度好、人缘儿好——这一点可是相当重要呢。

不以言举人不以人废言 / 瓷 摹印篆

君子不以言举人

出　　处：《论语·卫灵公篇第十五》原文：子曰："君子不以言举人，不以人废言。"

词语解释：言：言论，理论观点。举：推举，提拔。

白话译文：君子不会因为某人说得好听就委以重任（也不会因为某人境遇变了就把他曾经正确的言论观点全部废除）。

谈古论今：历史上以言举人导致全盘皆输的惨痛教训可谓不胜枚举，因人废言的愚蠢事例也是俯拾皆是。比较而言，以言举人危害更大，"不以人废言"更需要气度与胸怀。

翻开中国的历史，凡是倒台的皇帝或者宰相，几乎是连人带言一起废掉，没有哪一个元首，人完蛋了，可语录还在流行。

不以言举人，对于做组织、人事、干部工作的人来说，似乎特别有针对性。在考察任用干部的时候，有些夸夸其谈巧言令色的人，是很有迷惑性的。你若听他讲话，觉得他不当总统都可惜。可你再看看他做的事，简直猪狗不如。近几年揭露出来的大批贪官，有些已官至“省部级”，还有的已经跨入“党和国家领导人”的行列。但他们嘴上一套心里一套，说的一套做的是另一套。这方面连孔子这样的圣人都是有过教训的，所以他说：“以前我是听了人家的话，就信以为真了；现在我听了人家的话后，还要再看看他做的咋样（始吾于人也，听其言而信其行；今吾于人也，听其言而观其行）。”这一点对于负有“举人”责任的领导者来说，特别是手中握有重权的领导人，是要慎之又慎的。孟子曾对齐宣王说，要破格提拔一个高级干部，左右的人都说他好，您不要认可；各级干部也说他好，您也不必急于认可；全国人民都说他好的时候，您需要亲自考察他。如果他真的是那么优秀，才可以任用（《孟子·梁惠王下》）。在干部的选拔任用上，孟子虽然没有提出“票选”的理念，但他所倡导的“要全国人民都满意”的标准，已经十分接近现代民主的方式了。俗语说：“群众的眼睛是雪亮的。”一个品行不端又想当官的人，靠他的花言巧语，很容易忽悠一两个关键人物，也可能蒙骗集团内部的一些人。但要想过全国人民这道坎，恐怕难。在雪亮的群众眼睛里，任何妖魔鬼怪都会原形毕露。所以再怎么周密的内部考察，也不如公开让群众决定来得透亮。

作为普通百姓，我们现在很少有“举人”的机会了。不过作为选民，偶尔还会投投票选个代表什么的。像美国、韩国、菲律宾、阿富汗等国的选民，还可以投票选总统（当然他们也有贿选，有暗箱，我们并不羡慕）。选代表也好，选总统也罢，我们就是在做“举人”的工作。投票前我们不妨问下自己，我投他的票是听见他说得好还是看见他做得好，是因为他长得帅，还是他能力强？

九思 / 瓷 元花押印

君子有九思

出　　处：《论语·季氏篇第十六》原文：孔子曰："君子有九思：视思明，听思聪，色思温，貌思恭，言思忠，事思敬，疑思问，忿思难，见得思义。"

白话译文：君子有九种情况需要慎重考虑。

谈古论今：当观察一件事情的时候，要考虑的是确实看清楚了吗？听人说话时，要考虑的是听明白了吗？对自己的处事态度，要考虑的是保持温和了吗？在待人的礼节上，要考虑的是谦逊恭敬了吗？言谈方面，要考虑的是诚实可信吗？对于工作事业，要考虑的是全力以赴了吗？对于有疑问的问题，要考虑的是怎样以礼貌的方式请教？在发脾气之前，要考虑的是后果会怎样？在可得之时，要考虑的是这个我该得吗？——这就是君子需要慎重考虑的九种情况。

视思明，听思聪，说的是思想方法。通过视与听了解情况，搜集资料，要尽可能做到明与聪，即全面、准确、真实。俗语说“耳听为虚，眼见为实”，有时候眼睛也会受到欺骗，亲眼所见也未必真实。魔术师就是利用了这一点，才能在我们眼皮底下玩花活。法官如果依据虚假的“事实”做判决，就会酿成冤假错案；领导如果偏听偏信，就会冤枉好人，使小人得志。毛泽东说共产党要“实事求是”，真正做到这四个字还真不容易呢。

色思温，貌思恭，说的是待人的态度。君子对待他人，温良恭俭让，谦逊有礼，和善温婉，泰而不骄。对待朋友如此，对待家人如此，对待领导如此，对待下级、部属、群众、百姓也是如此。皇帝跟前的大太监，在主子面前是奴才，是会摇尾巴的狗。在小太监面前在丫环面前，就成了狼，成了虎。这样的小人，现在也不少见。

言思忠，事思敬，说的是工作的作风。说到做到，不放空炮。言必信行必果，名之可言，言之可行，勤勉敬业，尽心尽力，不取巧，不耍滑，老老实实，忠心耿耿。

疑思问，忿思难，见得思义，说的是品行与修养。有疑问，提出来，虚心向别人请教。最怕的是一不疑二不问，这样的人是不会有什么大出息的；要和某人撕破脸皮大闹一场，先要把后果想清楚，不要事后再后悔不已。遇到好事，不管是立功受奖，还是加官晋爵，不管是有人请吃饭，还是有人送礼包，问自己受之有愧否？不义之财决不贪恋，不义之事绝不能为。

以上九条，都是说起来容易做起来难。

病无能焉 / 瓷 摹印篆

君子病无能焉

出　　处：《论语·卫灵公篇第十五》原文：子曰：“君子病无能焉，不病人之不已知也。”

词语解释：病：用作动词，意为担心、忧虑。

白话译文：君子只须为自己的能力不够而担心（不要怕别人不了解自己）。

谈古论今：年轻人乍一走上社会，大都雄心勃勃，以为读了一二十年书，想尽快派上用场，早点出人头地，飞黄腾达。但往往事与愿违，不是领导看不上眼，就是遭遇同事挤兑，或者不幸进了个任人唯亲的圈子，老板只认自家人，外人本事再大也不予重用。这个时候，最容易犯的就是这个毛病——“病人之不已知也”。总觉得不是我不优秀，而是领导看不见；不是我不能干，而是老板眼睛瞎，反正问题出在别人不在我。时间一长，就开始消沉了，有活也不靠前了，有主意也懒得说了，工作马马虎虎，得过且过，最后堕落了，成废物了。现实中这样的事例是很多的，看着真叫人心疼。如果遇上孔子，向他老人家请教怎么办，孔子一定会这样说："君子病无能焉，不病人之不己知也。"——你只管静心修炼自己，继续努力学习、干活。你不必在意别人知不知道，不必在意领导看不看得见，尽管埋头做你的事情就好了。等到有一天你本事大了，学问长了，能力强了，业绩有了，领导就会主动找上门来，请你担当重任。

在劳动力市场上，作为需方，企业老板或经理人则另有一套看法。大家几乎有一个共识，就是认为现在的大学生不大好用。其主要毛病是：心浮气躁，眼高手低，沟通协调能力差，耐受力和细致度不够，缺乏思想深度和必要的礼仪修养，敬业精神远不如前代人。任志强先生说他的企业绝不接收清华北大毕业生，听来像气话，却也有苦衷。站在不同的立场上，对事物的感受是不同的，认识也就会有很大差别。当我们在工作中遇到挫折感到十分委屈的时候，要冷静地想一想，问题不一定出在别人身上，很可能就在我们自己。人对于事物的判断，往往会受到情绪等主观因素的干扰和影响，因此常常会偏离客观，不够准确。所以中国人常说"人贵有自知之明"，人对自己有正确的认识是很难的。人往往会过高地估计和评价自己，这常常导致自己与环境的矛盾与冲突，其结果是不言而喻的。

孔子教给我们处理这种问题的办法是，内省自责，找自己的毛病——“君子求诸己”。虽然比较痛苦一些，但效果是好的。与“病无能焉”同样意思的话孔子说过不止一次。孔子说：“不患人之不己知，患不知人也。”(《论语·学而》)“不患无位，患所以立；不患莫己知，求为可知也。”(《里仁》)——不要发愁没有职位，只须发愁没有任职的本事；不要怕没人知道自己，只需去追求足以让别人知道自己的本领就好了。年轻人若能踏踏实实照孔子的教导去做，就不愁没有出息。

君子之过 / 瓷 古玺
日月之食 / 瓷 古玺

君子之过也，如日月之食焉

出　　处：《论语·子张篇第十九》原文：子贡曰："君子之过也，如日月之食焉：过也，人皆见之；更也，人皆仰之。"

词语解释：过：过失，错误。

白话译文：君子的过失就好像日蚀月蚀一样（犯错的时候，人人都看得见；改过之后，大家也都看得见）。

谈古论今：君子为人所瞩目，一言一行都在人们的视线范围之内。君子犯了错，就像日蚀月蚀一样，人人争睹，无人不知；知错必改，改过之后，如同日蚀后的复原，依然光芒万丈，万众景仰。千万不要耍小聪明，以为自己的错误神不知鬼不觉，掩饰起来，就像雪窝埋死尸，用不了多久，再厚的雪也会融化，死尸还是会暴露出来。所以做君子的，发现错了，立即改正，而且公开认错，不要遮遮掩掩。

不过话虽是这么说，实行起来却不容易。人性的弱点，就是喜欢听好话，听赞美（哪怕这赞美是虚假的呢）；讨厌被批评，遭指责。过去毛泽东总结共产党的三大作风，是理论联系实际，密切联系群众，批评与自我批评。据说现在社会上流行的是：理论联系钞票，密切联系领导，表扬与自我表扬。但愿这只是个笑话。有句格言叫作“人非圣贤孰能无过”，其实圣贤也会犯错。关键是犯错之后采取什么态度，就见出君子小人的人格高下了。君子是“闻过则喜”，知错必改；小人是“文过饰非”，装聋作哑。子夏说：“小人之过也必文”。

最典型的例子是唐太宗。这位大唐王朝的杰出元首，以其博大坦荡的胸怀，勇敢面对自己的错误，成为中国历史上以善于“纳谏”（接受批评）著称的封建君主。据史书记载，唐太宗曾经把罪犯幽州（今北京）都督、庐江王李瑗的夫人弄到身边包为“二奶”（时称“别宅妇”），这事遭到大臣王珪（guī）的强烈批评，说这与杀人夺妻并无二致，是严重的道德问题。王珪触碰皇帝的隐私并且言词甚重，令在场的高官们后背直冒冷汗。但是唐太宗听完王珪的意见后，不但没有恼怒，反而表扬王珪，称他为“至善”，并且“遽令以美人还其亲族”，就是立刻把美人归还给了她的家族。身为拥有至高无上权威的皇帝，连包个二奶这样的小事都不能顺意，还要听属下的批评，还要表扬批评者，还要立即改正，这在一般人看来，简直匪夷所思。但是唐太宗就是唐太宗，他对待错误的态度，是“更也，人皆仰之”。就像日蚀一样，短暂的黑暗过去了，太阳仍然光芒四射。正是因为这种君子品行，唐太宗成为一代明君，从而赢得了“贞观之治”的千古美名。

国家元首也好，平民百姓也罢，执政党也好，明星大腕也罢，犯错不要紧，关键是知错即改，对提批评意见的人，还要心存感激。若能做到这一条，便是令人敬佩的君子胸怀。

君子可逝也 / 瓷 摹印篆

君子可逝也，不可陷也

出　　处：《论语·雍也篇第六》原文：宰我问曰："仁者，虽告之曰井有仁焉，其从之也？"子曰："何为其然也？君子可逝也，不可陷也；可欺也，不可罔也。"

词语解释：逝：放弃，结束。陷：陷害。罔：愚弄，戏耍。

白话译文：君子可以自己放弃主张，但不可受胁迫遭陷害（可以被欺骗，但不可被愚弄）。

谈古论今：与颜回、子路这些优秀生相比，宰我就算是劣等生了。这个白天爱犯困的家伙在这里给他的老师出了个难题，甚至可以说是搞了个恶作剧。他假设了一个根本不可能存在的问题，想让老师尴尬，可能是要以此回敬孔子对他的严厉批评吧，也未可知。他提问道：老师啊，您总是教导我们要与仁同在，连吃顿饭的功夫都不能离开仁。可如果有人告诉说井里有仁，那么我们是不是就要跳到井里去呢？这个宰我真的是聪明透顶，他的问题，很像个调皮的哲学家提的。

宰我，名宰予，字子我，鲁国人。小孔子29岁，与子贡、颜回几乎同龄。宰我一生，没什么大作为。司马迁在《史记·仲尼弟子列传》里，说他后来到齐国去做了官，但不幸因参与叛乱而遭到灭族之灾："宰我为临淄大夫，与田常作乱，以夷其族，孔子耻之。"但后人考证说，参与田常作乱被杀掉的那个人叫阚（kàn）止，字子我，并非宰我。看来司马迁也有疏漏之处。不管怎么说，宰我在孔门弟子中是比较另类的一位。他伶牙俐齿，具语言天赋。和子贡一起，被孔子列为语言类优等生。如所周知，孔子一向对于能说善道者不大感兴趣，因此宰我与子贡，虽然出类拔萃，却不受待见。所以《论语》中凡宰我出场时，伴随他的，几乎总是孔子的批评与斥责。譬如"宰予昼寝"，孔子骂他"朽木不可雕也"；当他对守孝三年的规矩提出异议时，被孔子骂为"予之不仁也"。不过也有人喜欢宰我。例如天津社科院涂宗涛教授就曾指出：按学贵多疑的原则，宰我善于独立思考，能够提出尖锐问题，应属好学生。

本章中宰我提出的问题，充分展现出一个语言天才所设计的智力圈套。如果顺着宰我的问题寻求答案，无论如何都要掉进坑里：跳下井去，死了，傻瓜一个；不跳吧，仁在井下，与仁分开了，里外都不是，这叫"陷"。但孔子何许人也，岂能上这个圈套？孔子说，真难得你能想出这么荒诞的问题来。可惜君子并不像你所想的那么蠢笨。一个君子，他自己可以主动放弃他的理想、他的追求、甚至他的生命——可逝，但绝不会在被逼迫、遭陷害的情况下被动放弃——不可陷；你可以欺骗他，你也可能会得逞——可欺，但你不要想着愚弄他，你是不会得逞的——不可罔。

《孟子》中记载过一个子产受骗的故事。子产就是那个治国有方的郑国贤相：有人送给子产一条活鱼，子产让属下放池子里去养着。这位属下老兄把鱼拿去做了红烧，吃舒服了回来报告说：那条鱼啊，刚下水的时候，还有点不适应呢，过了会儿，就摇头摆尾地游走了。子产说，呵呵，找着家了，找着家了。吃鱼的家伙出门对人说，都说子产聪明，什么呀？我把鱼都吃了，他还"找着家了，找着家了"呢！

子产虽然受了骗，但他的所思所想所作所为，都符合"仁"的道德要求，因此仍不失为君子。君子有时也会受骗，也会上当，但那不是他的自觉，他的理性。衡量一个人是否具有君子的品德，不能采取非道德非理性甚至非法的手段。在上海曾有个"钓鱼执法"的事件，在媒体上很轰动：一个叫孙中界的青年，开车时遇到一个要求搭车的人。小孙好心眼，就让他上了车。哪知该人把他带到有城管执法者埋伏的地方，小孙自然就被逮住了——他涉嫌“黑车载客”，遭到扣车罚款。这个小孙也是个刚烈的脾气，他认为自己是好心帮助他人却遭到陷害，就自断手指，以证明自己的清白。据说在上海每年被“钓鱼式执法”栽赃陷害的车辆有数千辆，全国其它地方也时有发生。虽然此事件最后以“断指青年”的胜利而告结束，上海有关方面已公开认错并道歉。但事件背后所蕴藏的道德缺失问题是值得深思的。遗憾的是，这种挖坑设阱陷害人的事件在世界各国也不鲜见。曾有媒体爆料说，美国联邦调查局用“钓鱼”法，引诱一名在航空航天总署工作的资深科学家出卖有关情报，最终将其逮捕，这都是很典型的“陷”。按照中国君子的道德准则来看，这是不应该的。至于这些事件背后的经济与政治算计，则另当别论。

论笃是与 / 瓷 宋印体

论笃是与，君子者乎

出　　处：《论语·先进篇第十一》 原文：子张问善人之道。子曰："不践迹，亦不入于室。谁能出不由户？何莫由斯道也。论笃是与，君子者乎？色庄者乎？"

词语解释：论：谈论，言谈。笃：纯真虔诚。是：即，就。与：赞许，称赏。色：表情。庄：假装。

白话译文：听到有人讲话很感人就崇拜（这不好），要仔细辨别其是真正的君子，还是貌似君子的伪君子。

谈古论今：台湾地区前领导人陈水扁贪腐案，早已终审定谳入狱服刑。其用赃款在美国购置的两处豪宅，也面临着被没收的窘境。陈氏在"总统"任上八年，真正做的有利于台湾人民、有利于两岸关系的好事，数不出一两件来，而搂钱、贪渎、黑金等等丑事坏事却是数不胜数。按理说这么一个品行不端的小人，怎么可能登上"元首"的大位呢？问题在于，陈水扁善演戏。在上台之前，他借助“美丽岛”事件鹊起的声名，祭起“民主进步”的大旗，大批“黑金政治”，以“台湾之子”的名义，摇唇鼓舌，收买人心，拉拢选票，一时间，台湾民众被他忽悠得晕头晕脑，满以为这回可有了“陈青天”。哪承想，陈水扁上台后，大肆弄权，卖官鬻爵，发动一切力量——老婆、儿子、儿媳、女儿、女婿、亲家、亲信……像搬仓鼠一样拼命往家搂钱，数额竟达数十亿元之巨！在所谓“民主政治”的绚丽外衣下，陈水扁结结实实地把台湾人民涮了一把。

生活中我们经常会遇见一些说人话不办人事的家伙，用我们山东农民的话说就是：“说起话来呱呱的，尿起炕来哗哗的。”昨天还在作报告，今天已经戴手铐。那些锒铛入狱的省部级高官，他们作报告的时候，哪个不是口若悬河滔滔不绝，四六对仗合辙押韵？即使不是感人肺腑，起码也是字正腔圆，句句在理。你若听了他们的话就信以为真，那你就难免上当了。“论笃是与”，说的就是这种情况。孔子说，从前我听了人家的话，就信以为真了。现在我听了人家的话，还要再观察一下他的行动。观察行动的过程，就是辨别“君子者乎，色庄者乎”的过程。所以对于那些说得好听的家伙，一定要保持一份警觉。不管他是教授也好，专家也罢，“总统”也好，明星也罢，对他们说的话，要“审问之，慎思之，明辨之”，千万不要“论笃是与”，一听见好就给人鼓掌抬轿子。尤其是年轻人，因为阅历浅，见识不足，很容易上当。年纪大一些，经验多一点，要骗过他们就不太容易。但近几年也有很多老年人频频上当，特别是在养生保健治病求医方面。譬如什么“悟本”、什么“堂”之类的案件，真是触目惊心。所以看起来，人生在世能够保持独立的思考独立的判断是何等珍贵。

时间相对还是公正的，它会剥去“色庄者”的伪装，还以其本来面目。陈水扁下台了，但李水扁张水扁们还在继续“色庄”。只要生活在继续，论笃者色庄者就会代不乏人。让我们以观社戏的心态，且看他们如何表演吧。

君子道者三 / 瓷 小篆

君子道者三

出　　处：《论语·宪问篇第十四》原文：子曰："君子道者三，我无能焉：仁者不忧，知者不惑，勇者不惧。"

词语解释：道：修养，人格，品行。

白话译文：君子具备三种品行：不忧虑似仁者，不疑惑似智者，不惧怕似勇者。

谈古论今：拥有一颗仁爱之心再加智勇双全——这就是孔子理想中的君子人格。

首先，君子不忧。怎样做才能不忧呢？只有严守以"仁"为核心的道德底线，坚决不做有愧于心的事情，才可以高枕无忧。俗话说，不做亏心事，不怕鬼叫门。有的人做了缺德事，贪了公家的钱，睡觉做噩梦，饭菜无滋味，整天六神无主，魂不守舍。除了忧就是虑，要不就是愁，这些字都带个"心"，心病不去，永无宁日。那些逃到外国去的贪官，有哪一个日子过得踏实？君子是不会使自己陷入这种进退两难的境地的。因为君子怀仁，怀德，怀刑，他一切为了谋求他人公众社会的福祉——怀德；他法度意识强，决不贪恋不义之财——怀刑。他动必有道，言必有据，胸怀坦荡，光明磊落，何忧之有？即使遭人陷害，身处逆境，君子也会坚信正义必胜，未来光明，何以忧哉？

其次，君子不惑。君子是拥有智慧的美人，他的聪明才智令人心生爱怜，为之倾倒。他能够洞察世间万物运动变化的本质，掌握并熟练运用科学规律解决所面临的一切繁杂矛盾问题。他能在事物变化之前就准确发出预报，并能制定出正确的应对策略，因而他总是站在战略的制高点上。在中国人的心目中，有这样一位理想的智慧君子，他是历史上确实存在过的人，但他却像神一样为人们所敬仰，他就是诸葛亮。智者不惑，才能够选择正确的事情做，才能够把正确的事情做正确。我们平常说的“好心办坏事”，那是因为办事的人懵懵懂懂，糊里糊涂，不够聪明，不够智慧。心明眼亮，洞察秋毫，见微知著，深谋远虑，这就是智者不惑的君子。

第三，君子不惧。不惧即不怕。丢钱包不怕，失恋不怕，困难挫折失败不怕，突然面对死亡不怕，体检查出癌症不怕。君子之勇，来自对生命意义的洞察，来自对正义的坚强信念，来自对行为价值的理性判断。君子之勇，绝不是拔刀相向金刚怒目的匹夫之勇，而是基于追求崇高信仰的至诚之心。中国南宋时代的民族英雄文天祥，被俘后面临生与死的抉择：生，可以做元朝的宰相，居一人之下万人之上，尽享荣华富贵；死，为南宋小朝廷尽忠，身后不知骨葬何处。但文天祥选择了死。戊戌六君子之一的谭嗣同，变法失败后本来完全可以逃走，像康有为、梁启超一样。但他没有逃，而是从容赴死，义无反顾。像文天祥谭嗣同这样伟大的君子，为了自己的崇高信仰，为了大仁大义，他们不惧牺牲甚至主动选择死，以其壮举为“勇者不惧”做出了最好的诠释。

不忧不惑不惧，仁、智、勇，三者构成了君子人格的美丽乐章。

信

君子人格的操守宗旨

"仁、义、礼、知、信"是儒家最重要的理论范畴，也是最重要的道德规范。汉代董仲舒名之为五常。除五常外，孔子在回答子张问仁的时候，又提出了仁的五种行为表现——恭、宽、信、敏、慧。早期儒家胪列的十种修养规范，均有信在其中。"信"即诚信、信用、信仰、信誉、信任。孔子说："民无信不立"，"人而无信，不知其可也"，"信则人任焉"，"上好信则民莫敢不用情"，"君子信而后劳其民"，"君子义以为质，信以成之"。孔子甚至认为，在必要的时刻，国防军备可以放弃（去兵），经济建设可以不顾（去食），但民众普遍的"信"却决不可丢失（《论语·颜渊》）。一个人若信用破产，他将无以立身于社会；一个政权若失去民信，则这政权必亡；一个民族若无信仰，岂能自强自立于世界民族之林？

值得注意的是，与孔子的重信相比，孟子似乎不大讲信。《论语》中"信"有38见，《孟子》中极少见"信"。孟子重视的四端——仁义礼智，唯独把信甩开不提。孟子关于信的典型言论是："大丈夫言不必信行不必果惟义所在"，似乎与孔子的"言必信行必果"大唱反调。但仔细考察孟子的思想，即应理解孟子所述之信，是为小信。小信就是日常的言谈承诺，要根据情势做出调整、改变或者否定。若一味死守，是为不知。例如《庄子》所讲的痴汉尾生，与女友相约于桥下，突发洪水，抱柱而死。

这等傻瓜，君子不做。孟子是极为讲究生存智慧的哲学家，他主张遇事权衡利弊，灵活变通处置，决不可固执拘泥，“举一而废百”。孔子在蒲地曾与围堵的蒲人签下合约，承诺不去卫国。但走出蒲人的势力范围后，孔子照样直奔卫国，根本不把所谓的诺言当作一回事。真正的智者，岂肯为一时的承诺所羁绊？孟子极为赞赏孔子“可以仕则仕，可以止则止，可以久则久，可以速则速”的处事态度，简直就是随心所欲的境界。

大信坚守，小信变通。孔子说：“君子贞而不谅。”像仁义这种永恒的道德必须坚守，而对早已过时的理论、废旧的规章以及那些像八股一样的陈词滥调必须果断放弃。朝令夕改，翻云覆雨，固非君子所为；而死守遗训旧制，裹足不前，宁做僵化的标本遭人唾骂，也不肯顺应潮流，做改革的先锋，这样的“君子”，更加可悲。所以信与不信之间，蕴含巨大胆魄与智慧。

贞而不谅 / 瓷 摹印篆

君子贞而不谅

出　　处：《论语·卫灵公篇第十五》原文：子曰："君子贞而不谅。"

词语解释：贞：坚守。谅：固执，执拗。

白话译文：君子持守正义坚定不移但并不固执己见钻牛角尖。

谈古论今：贞和谅这两个字，本义都是"诚信"。只不过随着语义的演变，贞沿着褒义的方向发展，逐渐固化为"大诚信"，是合乎大道需要坚守的品行。甲骨文的贞，其字形是一个庄重的鼎上面一个表意的"卜"，本义是"卜问吉祥，正事"，由鼎之端正不移而引申为坚定不移，有操守。谅的本义也是诚信。《说文》："谅，信也。"孔子所说的"益者三友：友直，友谅，友多闻"，其中的"友谅"即用其本义。与贞的郑重庄严相比，谅则是世俗日常的"小信"。这种小信经常需要随着时间、地点、环境条件的变化而作出变通，孟子所谓“言不必信”即应指此。若不管条件的改变，一味死守承诺约定，那就是我们平常所说的“榆木脑袋”、“一根筋”，哲学家称其为“形而上学”，其结果是不言而喻的，例如《庄子·盗跖》中的“尾生抱柱”。这种小信而不知变通的情况后来被引申为“固执、执拗”，成为谅的一部分贬义用法。

坚定不移和固执己见，执着和执拗，就像是双胞胎哥俩一样，有时真的难以分辨谁是谁。坚持真理固守正义这是君子的本分，是优秀人格必备的品质。但若坚持的不是真理而是谬误，固守的并非正义而是邪说，那么这坚持这固守就立即走向反面，成了人见人烦的固执、执拗了。我们管这种坚持与固守的优秀品质叫作“贞”，那么固执与执拗自然就叫作“谅”了。平常我们评价某人太固执，其实大有可能是冤枉了人家，相反人家有可能正是一位“贞”人。这是因为对于真理与谬误的判断有时候完全是主观的缘故——在咱看来是谬误的东西，可在人家看来就可能是真理；咱觉着是真理的东西人家可能就认为是谬误。在敌人那里是谬误，在我们这里正是真理；敌人叫作真理的，我们这儿恰恰叫谬误。所以毛泽东有句名言：“凡是敌人反对的，我们就要拥护；凡是敌人拥护的，我们就要反对。”其实敌人反对的，也未必是真理，我们反对的，也不一定是谬误。历史上也曾有过敌我双方“交换场地”的情况：你过去坚持的，我今天当成宝贝；我曾经信仰的，你今天甘之如饴。这说明对真理的认识，要受到人们的立场、情感、见识以及时间、环境等等的局限。有些所谓“放之四海而皆准”的理论，时过境迁之后，也许就不那么准了，有的甚至成为阻碍社会前进的教条。

君子在大是大非面前需要坚持原则维护正义，而在家长里短的小事情上，则要懂得变通，会灵活处置问题。要做到贞而不谅，首先要能够分辨出何为真理正义，何为歪理邪说。这需要学养，需要识见。君子由于胸怀仁，肩负道，博学文，躬行义，所以贞而不谅；小人胸怀狭隘，见利忘义，不思不学，识见浅薄，一旦利益驱使，即可放弃主张，改换门庭。其所谓谅者，不过为抬杠矫情，图口舌之快而已。

信而后劳其民 / 瓷 摹印篆

君子信而后劳其民

出　　处：《论语·子张篇第十九》原文：子夏曰："君子信而后劳其民；未信，则以为厉己也。信而后谏；未信，则以为谤己也。"

词语解释：信：信任。劳：使民劳动。

白话译文：君子只有在得到充分信任以后，才可以动员百姓服从劳役（若要给领导提意见，必须是在已经获得领导充分信任的前提下才可以。否则，他会认为你是在诬陷他。那是很麻烦的）。

谈古论今：子夏这个说法，与孔子是一脉相承的。有一次子路向孔子请教如何为政。孔子说："先之，劳之。"孔安国对此解释说："先导之以德，使民信之，然后劳之。《易》曰：'悦以使民，民忘其劳。'"孟子对于有关劳民的问题，也是主张抱持慎重的态度。他说："以佚道使民，虽劳不怨。"（《孟子·尽心上》）要改造旧城区，拆掉破房子，让老百姓挪窝，必须是真心为老百姓谋幸福求好处，并且得先让老百姓愿意才能办。他们损失的部分得到了相应的补偿，改善了居住条件，又为城市建设做了贡献，何乐而不为呢？现在因为拆迁问题，矛盾多多，除了极少数漫天要价的“钉子户”以外，有些案件恐怕是没有做到“先信而后劳”吧？有的也许就是拆迁者在谋求自己的利益，“为老百姓谋福祉”不过是个幌子。

做领导的，要指使部下做什么事情，除非情况紧急，否则应当把事情的意义交待清楚。如果是重大事情，需要部下加班加点，甚或付出更大牺牲的时候，一定是在已经获得部下充分信任的前提下，方可进行部署，否则部下会以为你是折腾人（未信，则以为厉己也）。现在组织部门培养使用干部，都是先把干部安排下来做副职，等他工作熟悉了，下面的人也认识他了，信任他了，再给他扶正。这样他再发号施令就有人听了。这是爱护干部。否则一个州，突然空降一个州长，谁也不认识，来了就做指示，就要烧几把火，下面的干部和老百姓能服气才怪。这不是爱干部，这是害干部。不但害干部，也害那里的事业、百姓。可惜现在这样的“空降干部”还不少。

历史上有一个取信于民的经典案例就是商鞅变法。商鞅是很会“作秀”的政治家。为了使变法路线能够顺利地贯彻实施，他派人把一根三丈长的木头放在闹市中，下令说，谁能把木头搬到北门去，就奖赏十金。十金可是不小的一笔钱呢。老百姓纷纷来看，但都抱怀疑的态度，无人去搬。商鞅把赏金加到五十金，大家都在等着看哪个傻蛋会被涮。这时有一人不信邪，心想：虽然没有这么多的奖金，但总会有一些吧。他扛起木头，搬到北门，跟随的观众很多。商鞅如数地兑现了奖金，百姓这才相信：原来政府要动真格的了。商鞅变法迅速得到实施，执法之严超乎想象，连公子的老师因为公子犯法都被割了鼻子、刺了字。不久秦国得以大治，国力迅速增强，为日后统一中国奠定了基础。

商鞅的名气很大，但历来褒贬不一。儒者斥其为“异端”，以谈论商鞅为耻。苏轼甚至认为说出商鞅这俩字都是脏了口舌。在民间，商鞅似乎也不那么受尊敬。而其酷政、好战、愚民、国富民穷、国家垄断经济等思想，却很受封建统治者的青睐。所以两千余年来，商鞅的基本治国理念被顽强地延续了下来。对于历史人物与历史事件，只有在不受政治干扰的情况下，才有可能做出客观、公正的评价。商鞅与子夏同为卫国（今河南）人，他也许受到子夏这位前辈乡党的思想影响，对“君子信而后劳其民”有深刻体悟。

君子人也 / 瓷 秦篆（诏版）

君子人与？君子人也

出　　处：《论语·泰伯篇第八》原文：曾子曰：“可以托六尺之孤，可以寄百里之命，临大节而不可夺也，君子人与？君子人也。”

词语解释：托孤：把孩子托付给某人。寄命：把关乎国家命运的大事交待给某人。

白话译文：可以把孩子托付给他，可以把国家社稷生死存亡的大事交待给他，在关键时刻不屈服，不掉链子，这样的人是君子吗？对，是君子啊。

谈古论今：历史上最著名的托孤案例应属刘备的“白帝城托孤”。这个故事在中国可以说是家喻户晓妇孺皆知了：刘备在吃了败仗生命垂危之时，把诸葛亮召到白帝城，对他说，我死后就把儿子刘禅托付给先生你啦。这小子若是块料，你就帮他一把；若不行，你就亲自上台干吧，反正蜀国的未来就全交给你啦。这几句话，既是“托孤”，也是“寄命”，可以说责任重于泰山。诸葛亮听了这话马上跪倒在地，磕头流血说，陛下尽管放心好了，我就是死也会辅佐幼主完成您的未竟大业呀（臣鞠躬尽瘁死而后已）。这诸葛亮真是够君子的，虽然刘禅很不成器，但诸葛亮从未动过“取而代之”的心思，兢兢业业为蜀汉政府干到死，留下了千古美名。

中国文化里有四种人是很可怜的：鳏（guān）、寡、孤、独。老而无妻为“鳏”，妇人无夫为“寡”，老而无子为“独”，幼而丧父为“孤”（现代汉语里的孤儿，通常是指父母双亡的未成年人）。曾子在这里所说的“六尺之孤”，大约是指身高不足 1.4 米的没爹少年吧（按战国及秦、汉每尺等于 23.1 厘米换算，为 138.6 厘米）。一个人将死之时，要把未成年的孩子托付给另一个人，让他把自己的孩子养大，代自己尽到父亲的责任。这个托付，何等重大！受托的这个人，在托付人看来，一定是经过长期观察认为是绝对可靠、完全值得信赖的。在遭遇困境、甚至面临生命危险的时刻，受托人宁可牺牲自己，也绝不抛弃所肩负的责任，这就是所谓的“大节不夺”。古人说，拥有至高品德的人才可以将妻子儿女托付给他；次等的人可以让他捎话；三流的人方可以把钱财托付给他（古人把“话”看得比钱财还重要，这一点和我们今天有很大不同）。有一次孟子逗弄齐宣王说，假如有人把妻子儿女托付给朋友，自己去楚国出趟差。回来后发现老婆孩子在挨饿受冻，您说该怎么对待这位朋友呢？齐宣王说，那当然跟他绝交啊。孟子又问道，假如一个狱警管不好手下怎么办？齐宣王说，免他呀。孟子又说，如果一个君王治理不好自己统治的国家，那怎么办呢？齐宣王也算是够有气度了，他只是“顾左右而言他”，并没有把孟子怎么样。

在中国历史上有很多像诸葛亮那样临危受命的人，他们以奉献生命的代价，塑造了“托孤寄命”的君子美德。例如《史记·赵世家》记载的“赵氏孤儿”的故事，其中两位主人公公孙杵臼与程婴，他们为了保护遭受灭门之祸的赵氏孤儿，一个主动选择牺牲，另一个扮演“告密者”忍辱负重，将孤儿抚养成人，最终助其伸张正义复仇成功。

诸葛亮、公孙杵臼、程婴……无疑是值得托孤，值得寄命，值得把任何重大事情交付出去的人。他们的确是当之无愧的真君子——君子人与？君子人也！

得见君子 / 瓷 甲骨文

得见君子者斯可矣

出　　处：《论语·述而篇第七》原文：子曰："圣人，吾不得而见之矣，得见君子者，斯可矣。"

白话译文：能够见到君子就满足啦。

谈古论今：孔子生活的春秋时代，天下乱乱哄哄。统一的周王朝已经接近崩溃，各地的诸侯都在扩充地盘、整合资源，每天都在做称王称霸的梦；小国寡民们，昨日刚刚送走楚军，今天又不得不迎接吴兵，转瞬间楚旗换成吴旗，惶惶不可终日。那些大国的领袖们，虽然有的也确有几分才华，但他们离圣人的境界不啻十万八千里。更何况有一些所谓的霸主，简直就是流氓加无赖。历史上大家公认的圣人——尧舜禹汤文武周公，最后一位圣人周公，也距孔子有五百年了。所以孔子说，我没见着过圣人，能够见着君子，就满足啦。

圣人是中国人心中的神。圣人道德高尚、智慧超群、人格伟大。中国古代哲学、道德与政治思想中有“内圣外王”的主张，是先哲们共同追求的至高人格境界。内圣就是修身养德，锤炼像圣人般的内在品格，铸就仁、智、勇完美结合的人格素质；外王就是齐家、治国、平天下，就是施行在崇高道德指导下的政治，就是“道之以德，齐之以礼”，成为创造和谐社会的政治家。孔子的意思是说，像这样的政治家，自周公以后五百年来不曾有过，今后会不会有？只有天晓得。

君子的人格较圣人低一个级别。如果说圣人是可望不可即的神，那么君子就是行走在我们身边的活生生的人，甚至极有可能就是我们自己。我们每一个人的身上，都有某些君子的素质在。我们有时候会自觉不自觉地做出君子的行动，表现出君子的品行修养。但我们也会有一些小人的伎俩，小人的行为。只要我们肯努力，通过不断的学习、修炼、涵养与内省，如孔子所说的“见善而思齐，见不善而内自省”，是完全可以摆脱小人达致君子的境界的。像孔子赞扬的宓子贱、南宫适、蘧伯玉等，都不是什么高不可攀的人物。可见，倡导做君子比起追求做圣人更为现实可行些。

君子不党 / 瓷 摹印篆

君子不党

出　　处：《论语·述而篇第七》原文：陈司败问昭公知礼乎，孔子曰："知礼。"孔子退，揖巫马期而进之，曰："吾闻君子不党，君子亦党乎？"

词语解释：党：偏袒。

白话译文：君子不偏袒（自己的同伙）。

谈古论今：正人君子的作风，应该有一是一，有二是二，光明磊落，决不含糊。假如有人做了错事、糗事，不管他是谁，都要态度鲜明地指出来，这叫"不隐恶"。曾经有句最高指示说"共产党人不隐瞒自己的观点"，这跟君子不党，意思接近但境界似乎更高。但是，坦白地讲，做到这一条很难。人在江湖中，有时候不得不"党"一下，有时候必须得"党"一下。如果你不论场合不讲方式，一概不"党"，有时候也会很麻烦。

"党"的本字是"黨"，上边一个"尚"，表声，下边一个“黑”，表义。《说文 · 黑部》：“黨，不鲜也。从黑，尚声。”不鲜就是不鲜明，不明确，不光明，暗箱操作。这个意义后来专门加了个义符“日”，写作“曭”。“党”本来是指党项族，也有姓这个字的。它原本与“黨”并无关联，只是后来人们嫌书写麻烦，就把“党”借来代替“黨”，所以“党”只是“黨”的假借字。现在人们从“党”字的本身，已经看不出“黑”的意味了。

“黨（党）”在古代，是指一种地方组织，例如“五百家为党”、“乡党”。也指亲族，例如“父党”、“母党”。后来引申为集团、同伙、朋辈、帮派、组织，例如“结党营私”。作动词或形容词用的时候，“党”的意思是偏袒，也是从集团同伙那儿引申过来的——同一集团内部，要相互包庇。例如“党同伐异”，即偏袒同伙打击异己。《论语》中出现过两次“君子不党”，除本章外，另一次出现在《论语 · 卫灵公篇第十五》，原文：子曰：“君子矜而不争，群而不党。”后边这个“党”，是帮派。通常我们所说的“君子不党”，是用的这个意思（本书后文有《君子矜而不争，群而不党》专章解读，可参考）。在本章中，“党”是偏袒。

陈国的官员陈司败（司败即司寇，是官职，约相当于公安部长、司法部长）在与孔子会谈时问孔子说：“请问贵国的昭公算是知礼的人吗？”孔子吞吞吐吐地回答说："应该是的吧。"孔子离开后，陈司败凑近孔子的学生巫马期小声说："我听说君子不会偏袒自己的同伙，可是刚才听了贵老师孔夫子的这番话，难道君子也会为了袒护自己的利益关系人而说些歪理吗？贵国的鲁昭公从吴国娶了个夫人，称呼为'吴孟子'，其实应该叫'吴姬'。地球人都知道，鲁国和吴国都是姬姓的后代，按照周礼同姓不婚的原则，昭公娶吴女就是违礼的。如果这样做都算是知礼的话，那天下还有不知礼的人吗？"巫马期把这话转告孔子后，孔子说："我真是幸运得很哪，有点错就会被人家挑出来。"

鲁昭公其人，真可谓一言难尽。鲁国之由盛而衰、由衰而亡，鲁昭公可以说是个转折点。他于公元前541年接班上台，其时"三桓"的势力早已坐大，不把国家元首放在眼里。昭公执政之初，也曾有过重振朝纲的雄心。在季氏（三桓老大）与邻居因斗鸡而发生械斗案时，昭公发兵攻季，企图借机剪除三桓这个毒瘤。不料季氏联合起孟孙、叔孙两家利益共同体，防守反击，大败昭公。昭公只能出逃至齐国，从此开始了长达七年的流亡生活，最后赴晋国求救而未果，客死在晋国的乾侯（今邯郸磁县）。昭公号称在位三十二年，其实只有二十五年。他上台时，孔子十岁；孔子二十岁生儿子时，鲁昭公送他一条鲤鱼作为贺礼，孔子当然感觉很受宠，给儿子起名叫“鲤”，以示不忘君恩；就在“斗鸡案”前一年，孔子受鲁昭公派遣，带领弟子南宫敬叔西赴洛阳，向老子、苌弘等大师学习周代礼乐，收获颇丰；孔子三十五岁时，鲁昭公逃亡齐国，孔子追随至齐，有“闻韶乐，三月不知肉味”的故事。综观孔子与昭公的关系，应属“君待臣以礼，臣事君以忠”，君臣之间感情融洽，这就为本章中孔子为昭公袒护的表现打下了基础。

陈司败和孔子谈昭公知不知礼的时间，当是发生在昭公死后定公执政期间，因为“昭公”作为谥号在其生前是不可能被使用的。昭公娶吴女这件事，在孔子看来的确是违礼的，但当着外人的面，他不能承认自己的前元首是个不知礼的人，因为这关乎外交礼仪，关乎鲁国的国家利益。作为当时已经享誉海内的文化名人，孔子无论从个人感情上还是礼仪规范上，都必须尽力维护鲁国元首的尊严。功劳归于领导，过失自己揽着，叫作“忠”；好事说是老爸干的，坏事自己兜着，这叫作“孝”。所以领导和父母的毛病一定要帮着掩盖，这在古代的圣贤是早有惯例的。这叫“为尊者讳”。但是讳归讳，理不能废。孔子为昭公讳，为昭公“党”，这是尽了为臣之礼；而昭公违礼这是铁定的事实，公理难违。所以待巫马期转告陈司败的话后，孔子在自己人面前就爽快地承认错了。意思是告诫后世：请原谅我当时不得不那么说，但是理儿不能弄拧巴了。

领导的糗事，非不知也，是不说也。身在官场，必须懂得官场的规矩。台面上酒桌上，外交辞令冠冕堂皇，说几句违心的话，大家都能理解。但千万别把重复多遍的谎言当成真理，昧不昧良心自己可要清楚。

【涂宗涛批注】“为尊者讳”，须适可而止。在重大原则问题上，要敢于说话。否则大家都装聋作哑，当好好先生，那些作恶的“尊者”就会更加肆无忌惮。这一点必须向读者挑明。

君子亦党乎 / 瓷 摹印篆

君子亦党乎

白话译文：君子也有言不由衷的时候吗？

（出处、解说均参见前文《君子不党》）

疾夫舍曰欲之而必为之辞 / 瓷 摹印篆

君子疾夫舍曰欲之而必为之辞

出　　处：《论语·季氏篇第十六》原文：孔子曰："求！君子疾夫舍曰欲之而必为之辞。"

词语解释：疾：讨厌，厌恶。舍曰：不说。

白话译文：君子讨厌那种不明说自己贪心却总是寻找借口获取自己想要的东西的恶劣行径。

谈古论今：这段话是孔子跟冉有（名求）和子路说的。冉有就是那个自作主张给公西华八百斗小米的家伙。说这段话的时候，冉有已经在当时鲁国最强势的三大政治人物之一季孙家谋了份工作，并且干得还不错，大约相当于行政总监或参谋长这么个角色（季氏宰）。跟他一起在季家任职的，还有他的好同学子路。冉有这个人，脑瓜聪明，极其会办事，被孔子列为"政事"方面的优等生。但冉求这人，善于投机钻营，有奶便是娘，在大是大非面前没有正确的立场。季康子曾经问孔子："冉求仁乎？”孔子说，这个人收税是把好手，至于仁嘛，“则吾不知也”，等于给冉有的品德打了不及格。事实证明，冉有的品行的确成问题，以至于后来把孔子气得不认这个学生了，并号召弟子们对他“鸣鼓而攻之”。冉有这次来老师家，是因为他得到季孙要攻打颛臾国的重要军事情报，他觉得有必要向孔子当面汇报一下，一方面需要保持跟导师的联络，另一方面也想探探老师对这件事的看法，免得日后遭到老师的斥责，弄得将来在师哥师弟们面前抬不起头。根据孔子的一贯思想，冉有估计这次见面不会很轻松，他便拉上子路一起来。在吞吞吐吐绕了几个弯子终于说出了攻打颛臾国的计划后，果不其然孔子就怒了。孔子说，冉求你干什么吃的？你难道不清楚颛臾的悠久历史和与我们鲁国唇齿相依的关系吗？你们为什么要去欺负这样一个弱小的国家呢？简直是岂有此理！冉有辩解道，老板要这么干，我们做下级的能有什么办法呢。孔子说，这叫什么话？能干就干，不能干就走人嘛！冉有一看老师发这么大脾气，就不得不说出了实情：颛臾城防坚固，而且离我们老板的地盘太近。老板说如果现在不拿下它，怕有后患呢。这才逼着孔子说出了这句名言：君子疾夫舍曰欲之而必为之辞！

显然孔子说这话的时候是带着气儿的。中国有句成语叫作“欲加之罪何患无辞”，姓季的要灭人家颛臾国，是野心膨胀，贪得无厌。人家城防坚固碍你什么事了？你想要占人家的地盘，就编出这一套什么后患前患的鬼话来。君子最讨厌最愤慨的就是这种恶劣行径——对于眼馋的东西，嘴上不直说想要，可变着法儿找借口非拿走不可。简直是流氓加强盗嘛！

道

君子人格的目标追求

道的意蕴十分丰富，各种辞书对道的解释都不下十几种。君子所追求的道，例如“君子谋道不谋食”的道，是道义、公理的意思。孔子说：“志于道”（《论语·述而》），就是明确地把自己人生的目标定在对“道”的追求上。冯友兰先生总结说，人生大致面临着四种境界：自然境界、功利境界、道德境界、天地境界。前两种境界是自然赐予我们的礼物，要想达到只需学习知识就可以。后两种境界是人的精神的创造，要想达到，必须先了解一种义理，这义理便是所谓的道。现代汉语词汇中的“正确的人生观、世界观、价值观、宇宙观”或可约近于道。古人认为，人生于世，闻道是最重要的事。孔子说：“朝闻道，夕死可矣。”道之达致，自然离不开学习。孔子的弟子子夏说：“君子学以致其道。”《论语》开篇“学而时习之”，其中的学，即指学道。“四十五十而无闻焉”的闻，也是指闻道。

君子把“道”的实现作为自己的人生目标，首先必须克服物欲的诱惑。孔子说：“士志于道，而耻恶衣恶食者，未足与议也（杨伯峻今译：读书人有志于真理，但又以自己吃粗粮穿破衣为耻辱，这种人，不值得同他商议了）。”孔子所说的“君子谋道不谋食”、“君子忧道不忧贫”、“君子固穷”、“君子食无求饱居无求安”等等，都是这层意思。孔子最得意的弟子颜回，是克制物欲、悉心闻道的典型。孔子赞扬他说："一箪食，一瓢饮，在陋巷。人不堪其忧，回也不改其乐。贤哉，回也！"颜回向孔子请教什么是仁的时候，孔子回答他说："克己复礼为仁。"克己，就是克制己私。奉行仁义，修炼道德，必须克去己私，这有点像佛经里讲的"以无所得……故心无挂碍"。孟子所谓："天将降大任于斯人也，必先苦其心志，劳其筋骨，饿其体肤，空乏其身"也是说的这一层意思，求道必苦。

其次，道的实现是个长期的过程，需要投入终生。不要期望做一两件善事或者苦干十年八年，道就实现了，没有这么简单。所以君子必须从心理、意志、体力上做好为道奋斗终身的准备。曾子说："士不可以不弘毅，任重而道远。仁以为己任，不亦重乎？死而后已，不亦远乎？"（《论语·泰伯》）虽然物质上清苦，时间又很漫长，但君子的精神是快乐的，就像颜回那样，乐在其中。平常人们说帮助别人是快乐的，但如果有人因为帮助了他人而感到痛苦，就像"拔一毛而利天下不为"的杨朱学派，那是不必勉强的。就像跑马拉松的运动员，中途不适，无法坚持到底，那就退出比赛，下次再来，并没有什么大不了的。我们每个人，其实都在君子与小人之间切换来切换去。有时候做君子的时间长一些，有时候也免不了施展点小人伎俩，偶尔干出点不仁不义的糗事。这都是可恕可谅可以改正的。“君子而不仁者有矣夫”，“过则勿惮改”，孔子虽然期望每个人都成为君子甚至圣人，但他十分宽容，允许我们犯点小错。

必须说明的是，《论语》中的君子，绝大多数情况下都是指的“有位者”，即具有权力地位的统治者，拿今天来说，就是级别较高的公务员。先秦典籍中有关君子的各种道德要求，都是对权力者提出的约束与规范。而对于小人——我们普通老百姓，孔孟也好，老庄也好，很少针对我们提要求。孔子说：“君子之德风，小人之德草。”老百姓的道德是随着君子走的。只要君子的良好道德建立起来了，社会风气自然就会好起来。我们现在无论是白领蓝领金领，还是巨贾小贩，作为不吃皇粮的一族，我们学习效法古代君子的品行德性，已经是在用高标准要求自己了。所以在吃饭问题、住房问题、看病问题以及子女教育问题等等还都不能“落听”的情况下，咱扛不住利的诱惑，那不是很正常吗？但有一条，求利要正当，黑心钱不能赚，俗话说：“君子爱财取之有道”。话再绕回来，咱温饱无忧了，咱得知道还有比赚钱更重要的境界值得追求——道。

求利是为了活着，求道才是活着的意义。

君子儒 / 瓷 魏碑

女为君子儒

出　　处：《论语·雍也篇第六》原文：子谓子夏曰：“女为君子儒，无为小人儒。”

词语解释：女：汝，你。

白话译文：你要做一个为君子所需要的人（或可译为：你要做个具备君子修养的老师）。

谈古论今：儒，《说文》是这样解释的：“儒，柔也。”段玉裁注：“儒之言优也，柔也，能安人，能服人。”其实儒就是古代的教师。冯友兰先生说：儒本来“就是以相礼教书为职业的人。他们的专长，就是演礼乐，教诗书”（《中国哲学之精神》）。儒是为满足人们精神需要而存在的职业。人的精神需要正如物质需要一样，有较高级与较低级之分别。以音乐为例，有人喜欢阳春白雪，有人偏爱下里巴人；有人言必称舒伯特、德彪西，有人张口就是“妹妹你坐船头，哥哥在岸上走”。推而论之，文学、绘画、摄影、戏剧等等，都有这问题。一般而言，在正常社会形态下，受过良好教育、有较高修养、处在社会较高层面的人，古代称之为“君子”，他们对于物质与精神的需要，是较高级的。而“小人”——处在社会底层、愚昧无知者，其需要往往是较低级的（请注意这并非绝对。现今有些“君子”，他们的精神消费品位，岂止是低级，简直是下流）。

一个人，若要体现出自我存在的社会价值，必须做出些能够满足他人需求的事情来。满足哪些人的需要呢？是满足君子的需要从而获得君子的认可呢，还是满足小人的需要而受到小人的青睐呢？这是你在做事情之前和做事情过程中要考量好并且最终要做出选择的。如果你是个学者，那么你的学问是以科学态度追求真理，还是为迎合某种需要而自甘堕落成为他人的工具？孔子在这里要求子夏的，是要做前者，即获得君子的认可。你所提供的精神产品、咨询意见、策略方案等等，要为适应君子的需要而设计制作（其实就是要大讲仁义道德、内圣外王之道），不要一味迎合小人的口味（类似苏秦张仪之流，无论是合纵还是连横的主张，都是功利霸道之策），成为小人吹捧的对象。在《论语·为政》篇中，孔子曾表达过“君子不器”的观念，就是希望学生们树立起独立的精神，不要沦为别人的工具。这就是“君子儒”与“小人儒”的区别。中国历史上有所谓名儒、大儒、宿儒，是指那些学养深厚成就斐然为社会做出重大贡献的人物，例如魏征、范仲淹、苏轼等，他们是属于“君子儒”的范畴。

在孔子的众多弟子中，子夏有文学天赋，文采灿然，与子游一起，被孔子列为文学优等生。孔子曾赞叹子夏，说他对《诗经》的体悟有独到之处，认为他具备了可以与之讨论《诗经》的资格。孔子身后，儒家分为八派，子夏独当一面成为八派之一。但青少年时期的子夏，不像颜回那么乖巧，也不似子路那么忠厚。思想较为平庸，有时候还跟宰我一样整个小节目，弄个小把戏，搞点恶作剧什么的。孔子当时可能还没有看出子夏能有后来的成就，或许也正是由于在孔子的严格教育下才会有子夏后来的出息吧。所以在这一节中，孔子态度明确语气严厉地对子夏做出告诫：你要奋发向上实事求是做点真学问，可不要趋炎附势整些低级趣味成为媚俗的“专家”。联系孔子曾就什么是孝的问题答复子夏说“色难”的情况来看，难怪子夏会对孔子产生“望之俨然，即之也温，听其言也厉”的感觉了。

惜乎现而今，多少“学者专家”早已沦为小人儒，既得利益迫使他们按照臀部的意图说话。

学以致其道 / 瓷 摹印篆

君子学以致其道

出　　处：《论语 · 子张篇第十九》原文：子夏曰：“……百工居肆以成其事，君子学以致其道。”

白话译文：君子通过学习而达致道的境界。

谈古论今：人活一世，总是有所追求的。不同的人有不同的追求。有人追求钱财，有人追求美人，有人追求权力。总归起来是两样：物质与精神。按道理说，这两样应该平衡，就是既有物质的满足，又有精神的享受。但遗憾的是，这样完美的人生实在太少了。很多人终其一生都无法实现这样的目标。在两者不能兼得的时候，有的人偏重于物质，有的人偏重于精神。前者是多数，后者是少数。我们读历史的时候，看那些大儒、名臣、贤相、良将，好像富甲天下的不多，倒是生活拮据的不少。这些人，并不是没有机会也不是没有能力发财，只是他们的追求好像不在这里。在哪里呢？在“道”。中国古代的知识分子，就是所谓的“君子”、“士人”，他们努力学习刻苦修炼，其终极目标，就是得道——达致道的境界，实现道的理想，完成道的使命，铸就道的人格。

那么究竟什么是道呢？道有五花八门，各种各样。各行各业都有自己的道，甚至“盗亦有道”，乃至“猫有猫道狗有狗道”，“小鸡不撒尿也有个道道”。这些所谓的道，大体相当于（但不必等同于）规矩、技巧、特色、窍门、秘诀，皆为小道。就是在《子张篇第十九》里子夏所说的“虽小道，必有可观者焉，致远恐泥，是以君子不为也”，他们不在哲学家们讨论的范畴之内。中国古代思想家们所谓的道，例如孔子、孟子、老子、庄子等等，在他们的著作里经常提到的道，是大道。这种道，在老庄这一派的哲学里，是超物质的、超形象的、超时空的、超自然的，是绝对精神，是不可知的，是不可言说的，是玄之又玄的。道生一，无生有，宇宙的一切，都来源于道。但道是什么？道无名，道不可道。《道德经》说：“道可道非常道”。今天我们解释道家之道，不妨把它理解为宇宙大爆炸前的“宇宙汤”。与道家不同的是，儒家更注重人类社会自身的变化规律。儒家的道，是人类向内审视自己，如何修炼自身以适应社会的发展，并以自身的修炼推动和促进社会的发展，最终达致与社会和谐共处的哲学。

儒家所谓的君子，是肩负着儒家崇高理想使命积极作为的社会中人；道家的君子，是特立独行于社会之外抱持无为而无不为的人。冯友兰先生说："儒家的圣人的心是热烈底。道家的圣人的心是冷静底。"儒道两家在"致其道"的方法途径上也有显著的区别：道家主张去知，由去知而忘我、而无知；而儒家则主张集义，由集义而克己，得以与万物浑然一体。子夏作为儒家的代表人物之一，在本篇告诉我们，"君子学以致其道"。要想成为受人尊敬对社会有所贡献的君子，必须通过不断的艰苦的学习，并在社会实践中痛苦地磨炼。就像那些匠人在工坊里千锤百炼最后修成正果达到炉火纯青的境界一样，君子的成长也是如此。

小道不为 / 瓷 古玺

是以君子不为也

出　　处：《论语·子张篇第十九》原文：子夏曰："虽小道，必有可观者焉。致远恐泥，是以君子不为也。"

词语解释：小道：小的技艺。

白话译文：君子不干那些小把戏。

谈古论今：子夏在学生时期，表现平平，乏善可陈，甚至被老师当面斥责过。如果搞文理分班的话，子夏一定是在文科班，因为他喜欢诗，他对《诗经》的领会，甚至达到了可以跟老师讨论的程度。子夏的性格，有点焖，不是那么开朗，脸儿比较涩，所以当他向孔子请教什么是"孝"的时候，孔子专门针对他的个性，指出孝就是态度要好——"色难"（不要以为活儿替父母干了，饭也给父母吃了就是孝了，那还远远不够，关键是在父母面前要有个孝的脸色。孔子意思是说，像你这样整天在老师面前没个笑模样，恐怕离孝还远着哩）。但是子夏年龄较小，他比孔子小44岁，属于孙子辈的人。在孔子去世以后，子夏随着年龄增长，见识增多，他的思想越来越深刻，出息也越来越大。后来他到魏国去办学，教出了很多有名的学生，如李悝、吴起、禽滑离、魏文侯等，可谓桃李芬芳，成就斐然。有人说子夏的儒家思想，后期加进了许多法家的理念，成为法家思想的渊薮。战国的大儒荀子，就是子夏派的继承者和弘扬者。

子夏说，那些小的把戏，比如魔术、篆刻、书法、绘画、制陶、十字绣、摄影、茶道、动漫等等，虽然也有很好玩的地方，也很有些价值，但毕竟属于雕虫小技，成就不了大事，所以君子是不干这种事的。子夏的意思，君子要做大事，成大道。那什么是大事大道呢？子夏在这里没说。根据儒家的一贯思想，君子所应当做的，一定是“仁”是“义”，是“立功、立德、立言”。曾经有一位著名画家说过，画一百幅画也比不上鲁迅的一篇文章，说的可能就是绘画属小道，它影响社会的进程极为微弱。不过在今天看来，儒家的大道，是过于虚乎了。而所谓的小道，倒是实实在在的一技之长。如果应聘时你的简历上写着“仁义奇才、立言专家”，保证没人用你。倒不如说会编动漫程序来得实用。当代青年人，还是不妨从小道做起，先把专业学扎实了，弄个一技之长，哪怕是养蚂蚁、跳街舞呢，有了吃饭的家伙事儿再说。所以儒家学说也好，马克思主义理论也罢，千万不可照搬盲从，书呆子不要做。

不过话还得说回来，吃上饭了，坐上车了，住上房了，日子过富裕了，还是得讲点仁义道德，关怀社会公平正义。该说话的时候要站出来说话，该行动的时候要有行动。虽然不必高呼口号，摆pose做秀，但做点力所能及的好事，必要时候付出些气力甚至牺牲，也是作为君子内心修炼的需要。不然的话，一辈子如果只是陷在“吃饭——吃好饭——吃更好的饭”的圈子里，那不就是“谋食不谋道”、“喻于利”、“下达”的生活吗，能有多大意思呢？

亦有穷乎 / 瓷 草书

君子亦有穷乎

出　　处：《论语·卫灵公篇第十五》原文：在陈绝粮，从者病，莫能兴。子路愠见曰：“君子亦有穷乎？”子曰：“君子固穷，小人穷斯滥矣。”

词语解释：穷：没有前途，看不到希望，没有办法，主要指精神上的绝望。贫是指物质的匮乏，缺衣少食。

白话译文：君子也有倒霉落魄的时候吗？

谈古论今：（见下文《君子固穷》）

君子固穷 / 瓷 摹印篆

君子固穷

（出处、解词均见前文《君子亦有穷乎》）

谈古论今：孔子师生一行数人周游列国，在陈国（首都在河南淮阳）的时候，财政上发生了危机，大家饭都没的吃了，很多人还生了病，团队里弥漫着消沉的情绪，连子路这个得意门生也有些牢骚怨言——这牢骚未必是对老师对同学而发，可能是对楚国发动的吞并陈蔡等小国的战争不满，也可能是对刚刚在卫国所受到的非礼接待以及路上被行军的士兵抢了粮食而不满。子路半是问老师半是问自己说：君子也会倒霉吗？君子也会受穷吗？君子也会如此狼狈吗？意思是我们如此优秀，如此高尚，所作所为全是在弘扬正义、仁爱天下，可怎么弄到这样的结果呢？难道我们错了吗？难道我们需要改变些什么吗？孔子的伟大这时候就显现出来了。他说，在遭遇贫穷面对磨难窘困潦倒前途未卜的时候，君子与小人的区别就在于：君子仍然坚守着他的信念，恪守着内心的道德尺度，就像在暗夜里有北斗的指引，君子不会迷失方向；而小人则不同——由于他怀土怀惠的本性和只懂得利益（喻于利）的狭隘眼光，他会忍受不住穷困潦倒而做出偷鸡摸狗的勾当，甚至会出卖朋友，投敌变节。只要满足他形而下的欲望，他什么都做得出来。

君子固穷，千万不要理解为君子喜欢贫穷，不愿意过富裕的生活，不是的。所谓“视富贵如浮云如粪土”，是指的不正当的财富，或者在“邦无道”的时候发的国难财。孔子说：“不义而富且贵，于我如浮云。”他承认“富与贵，是人之所欲也”，只是“不以其道得之，不处也”。孔子甚至说过“若富贵可求的话，即使做个赶车夫我也愿意呢”（富而可求也，虽执鞭之士，吾亦为之）。以为做君子就得受穷，就不能富贵，那是对儒家学说的曲解。但是无论穷与富，君子都会坚守自己正确的信念，即使牺牲生命也决不动摇。

君子多乎哉 / 瓷 金文

君子多乎哉

出　　处：《论语·子罕篇第九》原文：太宰问于子贡曰："夫子圣者与？何其多能也？"子贡曰："固天纵之将圣，又多能也。"子闻之，曰："太宰知我乎？吾少也贱，故多能鄙事。君子多乎哉？不多也。"

白话译文：君子有必要会很多技艺吗？（不必的）

谈古论今：鲁迅有一部短篇小说《孔乙己》，其主人公是个穷困潦倒的读书人。他有几个钱就到镇上的"咸亨酒店"去喝一杯。善良的孔乙己常把下酒菜茴香豆分给围来的孩子一人一颗。孩子们吃完豆，仍然不散，眼睛都望着碟子。孔乙己伸开五指将茴香豆碟子罩住，摇头说："多乎哉？不多也。"这话就是从《论语》来的。熟读四书的孔乙己，把孔夫子的话挪用在这，还真有点幽默呢！

太宰对子贡说："贵老师孔夫子是圣人吗？他咋那么多本事呢？"子贡说："可能是老天爷要让他做圣人，就得让他多才多能吧。”孔子听了子贡的汇报后，知道有很多人在背后仰慕、赞美自己，大概很是受用。说 :“太宰还是挺了解我呀。我出身贫贱，所以学会了不少粗陋的技艺。其实对于真正的君子来说，有必要会这么多的技艺吗？（不必的呀！）

一个人的能力和精力总是有限的。大千世界如此丰富多彩，我们即使每天 24 小时不停地学习，也不可能把所有的知识和技能都学到手。这就需要根据自己的爱好和兴趣做出选择。挑选适合自己的一个或几个专业，学精学深，做一个本行里的专家，要比什么都知道点，但又什么都不精通会更适应社会的需要。孔子一贯认为君子是做大事的，需要把精力用在道德的修养，用在诗书礼乐御射数等重要的技艺方面，而不要在诸如种菜种粮等粗鄙的技艺上浪费过多的精力。因此当樊迟请求学习种粮和种菜的时候，孔子不耐烦地说 :“吾不如老农”，“吾不如老圃”，并且在樊迟离开后，孔子居然大骂樊迟“小人哉！”按照孔子的理念，做君子的，只要把“仁、义、礼、知、信”这些形而上的东西整明白了贯彻好了，则“四方之民襁负其子而至矣”，怎么用你去种地呢？有人据此批判孔子看不起劳动人民，这是误解了孔子。从劳动分工的角度看，君子是管理者，是领导者，是“劳心者”，是脑力劳动者，是高级劳动者，其专业的课程设置当然主要是管理学、领导学、心理学、哲学等等，而不必练习锄地、插秧等具体的劳动技能。就好比鸟巢的设计师不一定要会搅拌水泥会码砖头，美国的国防部长也不必会拼刺刀一样。

“一招鲜，吃遍天”，中国人这么认识技艺的多与寡的辩证关系。真正过硬的本事有那么一两手就行，不在多。况且君子的成就，并不在于技艺之有无。孔子说他会那么多手艺，对于君子、圣人的名分，并无多大关联。

食无求饱居无求安 / 瓷 摹印篆

君子食无求饱，居无求安

出　　处：《论语·学而篇第一》原文：子曰："君子食无求饱，居无求安。敏于事而慎于言，就有道而正焉，可谓好学也已。"

白话译文：君子吃饭不必太讲究，居住不必太舒适。

谈古论今：不要把君子理解为苦行僧，孔子从来没有这样的意思。食色性也，君子也不例外。这里的"饱"，有过饱之义，接近"过度"。儒家虽然肯定食色为人之本性，但认为食不可过饱，如同性不可过淫一样，具有控制、节制、适度的含义。

食无求饱，是说对于饮食，不必太过追求奢华，做到营养平衡，能满足健康需要就可以了。现在有些中国人因为生活富足起来，便有日益追求奢华的倾向。例如在形式上，追求几碟几碗几菜几汤；在价值上，追求燕窝鱼翅驼峰熊掌；在饮食环境上，讲究星级酒店美人伴宴等等。其实这都早已背离了饮食的本义，走上了奢靡、浪费的歧路。

居无求安，是说对于住房，不必太过追求豪华，能满足基本生活需要就可以了。现在有些中国人，在这方面也是越走越远了。

为什么要提倡食无求饱居无求安呢？从养生意义上讲，过多摄入高蛋白、高脂肪、高胆固醇的食物，对于健康是相当有害的，医学界对此早有定论。关于住房，三口之家，若有 100 平米，应该基本够用了吧？当然，有条件的话，住 200 平米也很好，再多似乎就没多大必要了。中国人居住讲究风水，讲究“拢气”。若房子过大，大而无当，拢不住气，就不好。打比方说，若把故宫的太和殿免费给人住，我相信九成以上的人不会去，反正我是肯定不会去住的。因为睡那么大的一个房子，必定噩梦连连。近几年在西方，出现了生活简约化的潮流。比如在德国，很多有钱人把别墅卖掉，搬进城里住公寓，为的是能跟邻居交流，过“人”的生活。至于汽车、家具、衣服、餐具等，也都不再追求奢华。有的人还喜欢用早已过时的餐具招待客人，比如有裂纹的不成套的碗。但是中国人不一样，由于穷日子过得太久了，刚富裕没几年，所以还是处在追求奢华的路上，这是个自然的过程，不必见怪。

但问题是，有些手中握有重权的“君子”，利用权力为自己食求过饱，居求过安，这就很麻烦。近几年揭露出来的大批贪官，若论生活条件，他们要比普通百姓高出不知多少倍。但他们贪得无厌，无节制地敛财，大搞权钱交易，欲望膨胀到难以理喻的程度。道德、法律、良知、人民公仆、执政为民这些常挂在他们嘴边的名词，原来全是说给别人听的。贪图安逸追求享受，是难以成为君子的。唐朝诗人李商隐有诗云："历览前贤国与家，成由勤俭破由奢。"儒家不是"苦行僧主义"者，但儒家早已看穿了物质享受的追求对于健康人生的危害，早在数千年前就给了我们警示和提醒。可惜贪官们都是些不肯学习不懂历史的家伙，所以他们倒霉、栽跟头怨不得别人。

相比之下，有些为国家做出巨大贡献的科学家倒是清心寡欲，与世无争。例如谢世不久的钱学森先生，就是一位食无求饱居无求安的真君子。以住房为例，钱老自从上世纪六十年代初搬进航天大院以后就再没挪过窝。那是一座很旧的公寓单元房，墙上还有唐山大地震后留下的裂纹和后来加固的钢筋。他当上全国政协副主席以后，本可享受国家领导人的待遇。组织上曾不止一次想给他按标准盖一座别墅式住房，但钱老总是说："我现在的住房条件比和我同船归国的那些人都好，这已经脱离群众了，我常为此感到不安，我不能脱离一般科技人员太远。"后来秘书劝他说："现在都九十年代了，一般科技人员的住房条件都有很大改善，和您同船回国的许多人都评上院士，住进了新盖的院士楼，您说的那是老黄历了。”钱老摇摇头说：“我在这儿住了几十年，习惯了。你们把我折腾到新房子里，我于心不安，心情不好，能有利于健康吗？”就这样，这位功勋卓著的科学家在那套又陈旧又窄小的房子里住到他与世长辞。他心境平静，恬淡无争，把一些世俗之人追求的金钱、荣誉、地位看得比清水还淡，把一个当代君子的风范长留人间。

是君子就有一份责任在肩：完善自己，成就社会。立己立人，达己达人。声色犬马是人生的大敌，多少豪情壮志都毁在灯红酒绿中。孟子说：“饱食、暖衣，逸居而无教，则近于禽兽。”话糙理不糙。

谋道不谋食 / 瓷 金文

君子谋道不谋食

出　　处：《论语·卫灵公篇第十五》原文：子曰："君子谋道不谋食。耕也，馁在其中矣；学也，禄在其中矣。君子忧道不忧贫。"

词语解释：谋：谋求，追求，努力去实践。

白话译文：君子孜孜以求的是真理道义，不会在追求物质享受上花费太多的功夫。

谈古论今：在物质与精神的哲学关系上，儒家似乎更为看重后者。孔子一生的言行中，大部分都在谈论"道"、"仁"、"礼"、"孝"、"文"这些形而上的东西，很少提及吃穿用这些形而下的事情。这在今天看来，是有些不大合时宜了。当今时代人们热衷于物质享受，轻视精神追求，怀惠的小人多，怀德的君子少。不仅商界有黑幕，政界有贪腐，娱乐圈有潜规则，就连大学研究院也不能免俗。有媒体曾传出某著名音乐学院一名老资格的教授为女弟子升考博士而接受财色双重贿赂的丑闻，令人为之长叹。

众所周知，唯物主义哲学强调物质第一，物质决定精神。恩格斯在马克思墓前的讲话中说，马克思最大的贡献是他发现了“人首先要吃饭”。吃饱了肚皮才能谈艺术，谈宗教，谈道德，谈一切形而上的东西，这个应当说是不错的。但任何事情都有个过犹不及的问题。你把一个正确的东西强调过了头，就有危害了，这叫“过犹不及”、“物极必反”。在近数十年里，人们强调物质，注重经济，膜拜金钱，社会上拜金主义盛行（据一项调查说，中国的拜金主义为世界第一），道德、是非、原则、公权、法律、肉体、灵魂（如果有的话）等等都可以用来做交易，不能说这一定是推行某一种理论的结果，但摒弃和排斥甚至妖魔化其他哲学思想，又不能正确引导和满足人民的精神文化需求，是导致这种结果的原因之一。所以回过头再来看孔子倡导的“谋道不谋食”主义，还真的是应该给他老人家一份敬重。在那个物质贫乏的时代，孔子就反复掂量了食与道——物质与精神的轻重，最后他做出了选择：取道而弃食，重精神而轻物质。同样的意见，孔子在回答子贡问政时也曾有过精彩的表达：在为政的三项愿景中，足食、足兵与民信，在必不得已必须抛弃时，要首选“去兵”，即抛弃军备；其次“去食”，即抛弃物欲。而“民信”，即民众的普遍的诚信，却决不可丢。

“谋食”是本能的，是不用倡导不用催促不用强调的，正如非洲草原上的狮子，何曾需要倡导、提醒其“勿忘谋食”乎？只要你不加以限制，不过多干预，建立起公正的竞争规则并以有力的法制加以保护，人们“谋食”的积极性从来就不需要鼓励，不需要鞭策。而“谋道”则不同。它是精神层面的东西，是人区别于其它动物的根本特性之一。君子是较高级别的人格境界，他能够摆脱物质享受的束缚，具备了“弘道”的素质与条件，因此孔子要求君子多下些功夫在“弘道”上面，不要沉湎于花天酒地之中。假如陈水扁之类的贪官们以及类似某音乐学院的丑闻教授们，能够牢记孔子的教导，像个君子一样，多做些“谋道”的事业，少干些“谋食”的勾当，那这个世界岂不清明许多？何至于贪官前“腐”后继，丑闻层出不穷呢？

现代心理学研究表明，当眼前的物欲得到满足时，这种愉悦感只能保留极为短暂的时间。很快人们将会陷入对新的物欲追求的焦虑之中。这就是为什么在一个缺乏精神信仰的社会里，人们具有普遍的焦虑征的心理原因。地产大亨潘石屹说，自己童年时家里很穷，在甘肃天水，妈妈病了家里无钱医治，家里养活不了妹妹，就只能将她送人。因为贫穷过，潘石屹曾经非常渴望拥有财富，但是当他真的拥有财富的时候才发现，人必须有两扇翅膀才能飞翔，一扇是物质的，另一扇是精神的。而台湾名嘴陈文茜（qiàn）的人生经历则和潘石屹完全不同，她生下来就没有过过苦日子，因为陈家是台湾的有钱人家。但是，陈文茜从小目睹了太多亲朋好友为了家产反目成仇的故事，所以她说自己很早就明白，钱是会害死人的。富贵一辈子的陈文茜总结说，财富带给人的不是幸福而是毁灭。潘石屹和陈文茜的现身说法想告诉我们：仅仅为了发财而活着，为谋食而活着，这样的人生实在不能算是高明的。

“谋道”是人们在衣食无忧的前提下更高层面的追求。谋食是为己，谋道是为人。谋食是谋私利，谋道是谋公利。谋食是本能的物欲追求，谋道是形而上的精神追求。2009 年 11 月 16 日，美国总统奥巴马在上海对复旦大学的学生演讲时说：“我最敬仰的那些成功的人士，他们不但考虑自己，他们同时还考虑超越自己的事情，他们希望对世界做出贡献，他们希望对他们的国家做出贡献，对他们的城市做出贡献，他们希望除了对自己的生活有所影响，同时对别人的生活也带来影响。有时候我们会忙于挣钱、买好车、买大房子，所有的这些都重要。但是那些真正在青史留名的人是因为他们有更大的向往，看如何帮助更多的人能够吃饱饭，能够让更多的儿童受到教育，如何能够以和平方式解决冲突等等。只有这些人他们才能在世界上做出贡献。”奥巴马总统若能以他所敬仰的成功人士为榜样，不懈地致力于帮助更多的人吃饱饭、让更多的儿童接受教育、以和平方式解决冲突的话，那么他是应该被授予“君子”称号的。

【涂宗涛批注】孔子的“谋道不谋食”、“忧道不忧贫”、“不患寡而患不均”等思想，数千年来给人一种不重视物质生产的印象。虽说未免失之偏颇，但在章句之学盛行、儒家学说长期作为主流意识的封建时代里，这种印象带来的影响是消极的。今天看来，应当倡导的是：道与食须同谋，道与贫须同忧，寡与不均须同患，任何偏废的理论与实践，皆为不智。发展生产是第一位的，生产力是社会发展的决定性因素。在生产落后的时代，首先要“患”的，是寡的问题。但蛋糕做大之后，须患不均。执政者应在发展生产的同时，即考虑到分配不公的问题，尽早制定出合理的机制，以保证相对公平的分配方式。否则贫富差距越拉越大，必定会给社会发展带来动荡。所谓平衡、协调发展，应当包括这一层含义。

忧道不忧贫 / 瓷 摹印篆

君子忧道不忧贫

白话译文：君子所忧虑的是道义真理能否得到弘扬，而不仅仅是自己能否脱贫致富。

（出处、解说均可参见前文《君子谋道不谋食》）。

君子上达 / 瓷 古玺

君子上达

出　　处：《论语·宪问篇第十四》原文：子曰："君子上达，小人下达。"

词语解释：达：通达，明白。

白话译文：君子明白道义、事理，小人只认利益、得失。

谈古论今：这句话和"君子喻于义，小人喻于利"意思相近，只不过话没直说，而是拐了个弯，用"上达"和"下达"这样的词，显得有些哲学味道。

哲学上有些词讲起来是很伤脑筋的，例如"形而上学"。当然你可以从哲学辞典或者某些教科书上查到权威解释：——反辩证法的世界观和方法论，认为世界上一切事物都是彼此孤立的，永远不变的，否认事物的矛盾，否认矛盾双方又统一又斗争，并在一定条件下互相转化，由此推动事物的发展……但是坦白地讲，这样解释人们会越听头越大。宗教上有些词也如此，譬如佛学的“空”与“色”，《心经》里开头就是这几句：“……色不异空空不异色色即是空空即是色。”像绕口令一样，费解得很。回到“上达”与“下达”来。为什么把上达解释为“明白道义、事理”，把下达解释为“只认利益、得失”？你看一个活着的人，必须是头朝上，脚朝下的。头是大脑——头脑嘛，用来思考问题，辨别是非，明白道理的，在身体的上边——形而上；身体下边的，是肚皮，要吃饭，再往下，生殖器，色机关，“食色性也”，形而下。一个人，你可以不明事理，可以不懂哲学，但食和性这两样你总是要的，因为它们是与生俱来的，是本能。君子与小人的区别是，君子在满足了本能的欲望之后，还要追求精神的境界，在头脑里作开发——上达：当他弄清了崇高和下流之后，他追求崇高而摒弃下流，在明白了伟大和渺小之后，他选择伟大而不愿与渺小为伍。而小人呢，他始终离不开食色这两样形而下的东西，即使发了大财，成为千万富翁，也不过是“QQ”换成“悍马”，多泡几次“天上人间”而已。至于礼义廉耻，不关他事。

所以如果你跟一个人讲道理他始终听不明白的话，你不妨拿钱跟他比划——也许他只吃下达的招。

君子居之 / 瓷 古玺
何陋之有 / 瓷 摹印篆

君子居之，何陋之有

出　　处：《论语·子罕篇第九》原文：子欲居九夷。或曰："陋，如之何？"子曰："君子居之，何陋之有？"

白话译文：君子居住的地方，哪有简陋这一说的？

谈古论今：孔子想迁到九夷去住。九夷大约包括今山东江苏的沿海地区，春秋时候还处在蛮荒阶段。有人说那儿很穷很落后，根本没法生活。孔子说："君子所居，没有简陋。"中国唐代有位大诗人叫刘禹锡，就是"旧时王谢堂前燕，飞入寻常百姓家"的作者。他有一篇著名的短文《陋室铭》，可以看作是本篇最好的解读：

山不在高，有仙则名。水不在深，有龙则灵。斯是陋室，惟吾德馨。苔痕上阶绿，草色入帘青。谈笑有鸿儒，往来无白丁。可以调素琴，阅金经。无丝竹之乱耳，无案牍之劳形。南阳诸葛庐，西蜀子云亭。孔子云："何陋之有？"（译成白话就是：山不一定要高，有了仙人就著名了。水不一定要深，有了龙就灵异了。这虽是简陋的房子，只是我的品德美好就不感到简陋了。青苔碧绿，长到台阶上，草色青葱，映入帘子中。与我谈笑的都很博学，跟我来往的都不是俗人。在这简朴的屋檐下，可弹奏朴素的古琴，阅读珍贵的佛经。没有嘈杂的音乐扰乱两耳，没有官府公文劳累身心。它好比南阳诸葛亮的茅庐，西蜀扬子云的玄亭。孔子曾经说过："何陋之有？"）

刘禹锡不仅文采好，而且还是个政治家。他做官曾做到监察御史（相当于监察部长），因参加"永贞革新"，被贬朗州司马（地厅级），后迁安徽和州通判（县团级）。按中央规定，他可享受在政府大院内住三间三厅房屋的待遇。但和州县的县长是个势利小人，认为刘禹锡是被贬之人，便安排他到城外临江的三间小房居住。刘禹锡毫无怨言，挥笔写下一副对联贴在门上："面对大江观白帆，身在和州思争辩。"县长又将刘禹锡移居别地，并把住房面积减去一半。此房位于德胜河边，岸柳婆娑。刘禹锡见此景色，更是怡然自乐，又写一联："杨柳青青江水平，人在历阳心在京。"后县长再次下令撵刘禹锡搬到城中一间只能放一床一桌一椅的破旧小房中居住。刘禹锡在这间破旧小屋中写下了传唱千古的名篇——《陋室铭》。

这篇不足百字的室铭，含蓄地表达了作者安贫乐道、洁身自好的高雅志趣和不与世事沉沦的独立人格。它想说的是：尽管居室简陋、物质匮乏，但只要居室主人品德高尚、生活充实，那就会满屋生香，处处可见雅趣逸致，自有一种超越物质的精神力量。钱学森的居室也就一百多平方米，比起他为新中国航天事业所做的巨大贡献，这样的住房条件不是太简陋了吗？但是，钱先生的人格光芒，却也因为这间不达标的住房而更加璀璨夺目令人景仰。

“君子居之，何陋之有”与“食无求饱，居无求安”是孔子一脉相承的思想，即不要过多追求物质的享受，而志趣的高远与精神的富足才是君子所应致力的境界。

疾没世而名不称焉／瓷 摹印篆

君子疾没世而名不称焉

出　　处：《论语·卫灵公篇第十五》原文：子曰：“君子疾没世而名不称焉。”

白话译文：君子担忧的是一生默默无闻，到死都没有留下名声。

谈古论今：与道家相比，儒家是比较重名的。儒家主张入世——立德，立功，立言。其人生观是进取的，积极的，阳刚的，向世的。而道家主张出世，其人生观是退守的，消极的，阴柔的，向我的。在孔子看来，一个人如果一生毫无建树，既不能像圣人一样立德，又不能像伟人一样立功，也不能像学人一样立言，到死也没出个名，那么活这一辈子还有什么意义呢？

乍听起来，好像儒家的道理是正确的，道家的学说似乎怪异，其实并不尽然。中国的知识分子，在他血气方刚、蓬勃向上、宏图大展、事业有成的时候，他满脑子是儒家的德、功、言思想，一心要建功立业，青史留名。当他上了年纪，经历过风雨坎坷，甚至身处逆境遭遇主流社会无情抛弃的时候，他就开始对道家的学说甘之如饴，常有恍然大悟、茅塞顿开的感觉。所以道家与儒家，不存在谁对谁错孰优孰劣的问题，他们都是中华传统文化的精髓，都是深藏在中国人骨子里的精神营养。就像阴阳二元素存在于所有事物中一样，每一个中国人既有儒家进击的一面，又有道家防守的一面：进，高举儒家的旗帜，博取功名，成就事业，实现人生梦想；退，披上道家的铠甲，收敛锋芒，隐遁山林，修身养性，与世无争。这是中国人性格的二重性现象，是华人走遍天下都能站稳脚跟的性格原因。

一个人要想在社会上获得较高的知名度和美誉度，必须在事业上取得相当的成就，对社会做出相当的贡献。成就、贡献和名声三者基本上是正相关关系。孔子鼓励君子出名，和他的用世思想是一致的。就是希望优秀青年们努力工作，为社会的发展、人类的进步、天下的太平做出贡献，这和“追名逐利”的名利思想不是一码事。当然，中国人名利思想比较严重，也不能说与儒家毫无关系。

宽

君子人格的胸怀境界

仁者包容天下，宽以得众。小肚鸡肠者，寡友少朋，难成大事。为政的君子，尤其如此。官居高位，肚量要博大，胸怀要宽阔。俗语说“宰相肚里能撑船”，小至舢板扁舟，大至航空母舰，都能容得下，要得开。所谓海纳百川，无论滔滔江河，还是涓涓小溪，也无论甘泉清流，还是污泥浊水，大海一律接纳不弃。

宽容，主要是指能够倾听批评的声音，善待反对自己的人，宽恕那些说话难听、行事过激、你越是想要面子他偏要给你难堪的人。孔子说：“居上不宽，吾何以观之哉？”（居于统治地位而不宽宏大量，这种样子我怎么能够看得下去呢？）《论语·八佾》）孔子在回答子张问仁的时候，把“恭宽信敏惠”五个字，概括为成就仁人的五种品德。为人宽厚，就会得到大众的拥护。宽字另有一解，为“爱”。《礼记·表记》：“以德报怨，则宽身之仁也。”郑玄注：“宽，犹爱也。”

宽恕，俗语说：“得饶人处且饶人。”曾子曾把孔子的学说概括为两个字：“忠恕而已矣。”（《论语·里仁》）孔子自己对恕的解释是“己所不欲勿施于人”，自己不想要的东西，就不要强加给别人。所谓忠，是恕的积极一面。孔子说：“己欲立而立人，己欲达而达人。”自己想成功，就帮助别人成功；自己想发财，也帮助别人发财。孟子说：“得其心有道：所欲与之聚之，所恶勿施，尔也（得民心是有方法的：他们想要的，替他们聚集起来；他们讨厌的，不强加给他们，不过如此罢了）。”（《孟子·离娄上》）君子与小人共处双赢，孔孟这种思想，与现代商业博弈理论中的“双赢战略”何其相似。

君子虽然以宽待人，以恕容人，以忠事人，但律己却甚严。一日三省己身，言而无苟，九思三畏，恶居下流。对于亲族同党，不会放任纵容，弄权谋利，包庇遮掩。“君子不施其亲”，“君子不党”，“求诸己”，“约之以礼”等等，都是儒家修己安人，正确处理与他人关系的准则。纵观当今世界，有位者若能深植孔孟道德于心中，则社会和谐可期，天下太平弗远。

人不知而不愠 / 瓷 小篆

人不知而不愠，不亦君子乎

出　　处：《论语·学而篇第一》原文：子曰：“学而时习之，不亦说乎？有朋自远方来，不亦乐乎？人不知而不愠，不亦君子乎？”

词语解释：愠：生气、怨恨。

白话译文：别人对我不了解、不理解，我并不生气；与不明智的人相处，我也不烦恼。能这样做的人，不就是君子吗？

谈古论今：“知”在古代汉语里，除了相当于“知道”、“知识”外，还经常与“智”字通用，相当于“智慧”。例如孔子的名言“知之为知之，不知为不知，是知也”，最后一个“知”，即为聪明、智慧之意。“人不知而不愠”的知，既可以作“知道”讲，也可以作“智慧”讲。

“知”作“知道”讲的时候，首先可以与知人善任的“知”相同，可以解释为“了解”。是说咱的才华、能力不被了解，不被赏识，得不到提拔重用，咱也不必郁闷，也不必生气上火，该怎么干还怎么干，心平气和，一如既往。这样的表现是合乎君子的修养的。孔子告诫我们说："不患人之不己知，患不知人也"——人家不了解我，我不怕；怕的是自己不了解别人，误会了人家。

"知"还可以解释为"理解"。自己做了好事，有了正确的主张，明明是对他人对社会有益，可是大家都不理解、不赞成、不支持、不褒扬，有时还会招致些误会、曲解甚至诽谤攻击。在这种情况下，咱不生气，不抱怨，不恼怒，不颓废，不放弃，继续行善积德，探求真理，丝毫不在意自身的毁誉。这样的修养、德行，当然符合君子的品行。

以上两层含义，是说的别人怎么看我，我如何对待。当自己不被别人了解的时候，问题可能出在沟通不够。要主动多沟通、多交流，当然还要注意方法恰当。不被理解的时候，或许需要做些解释、疏通的工作，有时则需要耐心的等待，时间会证明一切。

下面一层，是说我怎么看别人、怎么对待别人。如果把"知"解释为"智慧"，"人不知"就是跟咱相处的人不聪明、不明智，脑瓜不那么灵光，有些傻呆呆，办事二五眼，说话呛肺管，不着四六，不明事理，不靠谱，隔三差五整出点故事，时不时地惹出个乱子来，对咱的聪明才智也不领会也不呼应也无兴趣，对咱话里的意思也没反应也无回响。怎么办？跟这样的人相处，咱也不生气，也不恼火，也不总想着教导人家，点拨人家，纠正人家，批评人家，而是把人家看作是具有另一种智慧的人（也许正是咱还没有达到的智慧境界呢），给人家以足够的尊重和宽容。这样做了，咱心里就觉得自己是个君子了，在别人眼里，咱就像是个君子了。

人性的弱点，总是认为自己聪明，别人蠢笨。其实并不尽然，有时候恰恰相反。与他人相处，若能彼此相知，那是快乐的，愉悦的。如不能相知，至少不要相忌相恨，否则就痛苦了。若要己知人，又期待人知己，就要多来往，多交流，多沟通。上到国与国之间例如中美、巴以、印巴，下至家长与孩子老师与学生老板与员工，若能彼此相知又互相尊重，当对方“不知”的时候，保持一份冷静，一份耐心，那么冲突摩擦就会大大减少，社会就会多一份和谐，世界就会多一份安宁。所以作为君子，遇事尽管泰然处之，大可不必着急上火。只有小人才受不了委屈，一句话不投机就动拳头，抄家伙。有些中国人常常用“遇事不怒”来进行自我心理暗示以达到控制情绪的目的，这有点像是“人不知而不愠”的山寨版。

在社会交往的过程中，留给别人一份宽容，同时也给自己保存一份尊严，这或许就是“人不知而不愠”的真义所在。

补记：2008年汶川大地震时，有一次温家宝总理去某医院看望受伤的灾民。有一位老妇人躺在病床上，温进来后握住老妇人的手说："老人家您好啊！"老妇人说："你是哪一个？"温的陪同官员大声说："这是温总理来看你来了！"老妇人说："哦，那你是个当官的喽。你可要努力工作哦，不要搞腐败……"温总理很开心地大笑起来，说："我会努力工作的，哈哈……"这条新闻，是当时我从CCTV上看到的，至今记忆犹新。一个不知总理为何人的普通老百姓，像家长教导孩子似地教育起国家领导人。面对这样一个"不知"之人，温总理表现出"不愠"的风度。这个场面，真实亲切，生动感人，应该被评为"年度好新闻"。而那位四川老妈妈，不知她姓甚名谁，如今安在哉？用时下的话说，就是：这老太太，真正史上最牛！

尊贤而容众 / 瓷 摹印篆

君子尊贤而容众

出　　处：《论语·子张篇第十九》原文：子夏之门人问交于子张。子张曰："子夏云何？"对曰："子夏曰：'可者与之，其不可者拒之。'"子张曰："异乎吾所闻：君子尊贤而容众，嘉善而矜不能。我之大贤与，于人何所不容？我之不贤与，人将拒我，如之何其拒人也？"

词语解释：尊贤：尊重贤才；容众：接纳普通人。

白话译文：君子既尊重有才华的人，也容纳普通人。

谈古论今：孔子到了晚年，主要精力放在编《春秋》注《周易》等这些科研工作上，授课的事则由学生们去做。他的大部分学生如子贡、曾子、子夏、子张等，也都具备了带研究生的资格，像今天的导师，他们也都有了自己的"门人"。那时候要报考子张们的研究生，大概不必参加统考，没有考分的门槛；学费嘛，大概有一块腊肉（束脩）就可以了，没有上得起与上不起的困扰；至于学生肯定都是清一色的男生（那时候不招女生，这一点很受现代女权人士的诟病），所以也就没有什么“潜规则”可以操弄的。课堂大概也很开放，子张的学生可以选修子夏的课程，子夏的学生也可以来听子张的课。若是听了子夏的课觉得有什么不对劲，可以来向子张请教，弄明白后还可以回去跟子夏老师再质疑。可见那时的学术空气还是蛮自由的，学生的思想也是蛮开放的。

这里正是这种情况：子夏的学生来向子张请教关于交友的问题。子张说：“你老师怎么说的？”学生回答道：“他说‘可交的就交，不可交的就拒之门外’。”子张说：“这种说法跟我所知道的交友之道不同。我听说君子不仅能结交那些有才华的贤能之辈，也能结交一般普通人，君子对待好人是给他鼓励赞扬，对待那些能力不够强的人，是满怀怜悯同情之意的。如果我真是个有大贤德的人，那么还有什么人不可以容纳呢？如果我不是个贤德之人，别人就会拒绝跟我交往，我还有什么资格去拒绝人家呢？”

子张与子夏，后来都很有出息，分别成为引领一个儒家学派的领军人物，但当初孔子对这两位学生的评价都不是很高。有一次子贡问孔子他俩哪一个更优秀，孔子说“师也过，商也不及”（子张有点过，子夏有点欠）。子贡说：“然则师愈与（那是不是子张要好一些）？”孔子说："过犹不及（过和欠是一样的，半斤八两）。"虽然如此，但子张子夏的学说，后来走的是"外王"一途，不同于颜回曾参对"内圣"的钟爱，对于儒学的发展，有很大的贡献。就是说，相比颜、曾对个体道德修养的痴迷，子张子夏则更多关注社会政治体制的公平与合理，因而受到荀子甚至后来法家的重视与采纳。康有为在解读《论语》时，抨击颜、曾而抬高子张，以为其维新思想营造舆论。所以儒家思想，确为宝藏。如今构建和谐社会，一面应大力进行公民道德的基础建设，另一方面，必须着力改革重建公平民主的政治制度。二者若偏废其一都不可以，全废就更不用说了。

从本章关于交友的主张来看，似乎子张要更为高明一些。若要做大事业，成大气候，必须善交各种朋友。

求诸己 / 瓷 摹印篆

君子求诸己

出　　处：《论语·卫灵公篇第十五》原文：子曰："君子求诸己，小人求诸人。"

词语解释：诸：介词，相当于"之于"。

白话译文：君子要求自己，小人要求别人。

谈古论今：工作中或生活里遇到麻烦出了问题时，是先自己想办法解决呢还是先想谁能帮我呢？一场比赛失败了，一个项目搞砸了，一起事故发生了，是先反省自己查找原因还是先想到这是谁谁的责任（反正不是我的责任，或者起码不是我的主要责任）？这样的情况我们经常会碰到。君子先反省自己，小人先追究别人；君子主要依靠自己克服困难，小人主要依赖别人搭便车吃蹭饭。

求诸己，是建立在自信自强自尊自爱基础上的健康心理诉求；求诸人，是自卑自惭的心理表现。儒家特别重视人格养成过程中的内心反省，认为这是塑造君子人格的必备心理素质。孔子的好学生曾子说："吾日三省吾身：为人谋而不忠乎？与朋友交而不信乎？传不习乎？"——我每天都会多次反省检查自己，看干工作办事情是否尽心尽力了？跟朋友交往是否失信了？祖宗留下的典籍文化是否在自己的实践中得到传承与弘扬了？这种自我反省的过程，就是一个求己的过程。今日反省的结果，明日将成为行动的指南。日积月累，人格会臻于完善。中国著名企业海尔有一个"日高"的文化理念，每天进步一点点，积跬步以成千里。这是君子的处世态度。而小人则不同了。小人也可能会有反省，但他们反省的是：今天谁惹了我了？明儿怎么对付这孙子？

求诸己，并不是一概拒绝他人的援助。特别是在遭遇地震、台风等重大自然灾害的时候，就更不能偏执于"求诸己"了。1976年中国唐山大地震，罹难同胞逾二十多万。由于受当时极左思潮的干扰，我国拒绝了国际社会的援助，其理由是中国人民靠自力更生可以克服一切困难。今天看来这其实是不明智的。三十多年后，中国四川汶川发生大地震，中国人民以感恩之心接受了来自世界各地的捐助，特别是来自宝岛台湾的援助，令人体会到"血浓于水"的骨肉亲情。而当台风"莫拉克"给台湾人民造成重大生命财产损失的时候，祖国大陆捐款捐物，把台湾同胞急需的物资在第一时间运送进台。在自己遭遇困难一时无法克服的情况下，接受他人的援助甚至主动呼叫求助，这是全人类普遍遵循的价值准则，与“君子求诸己”并不矛盾。

中国明代最后一任皇帝崇祯在城破国亡之际，自己在煤山上吊前哀叹道：“吾非亡国之君也，臣等皆亡国之臣也！”南宋皇帝宋孝宗也有类似言论，他说，我也想打败金国收复失地，可手下无能干的人哪。这都是典型的“小人求诸人”。当元首的把责任都推给下面，不亡国才怪。一个组织的领导人，若是总埋怨部下无能，那这个组织是不会有前途的。

坦荡荡 / 瓷 汉碑额

君子坦荡荡

出　　处：《论语·述而篇第七》原文：子曰："君子坦荡荡，小人长戚戚。"

词语解释：坦荡荡：平坦、广大。戚戚：忧愁、哀怨。

白话译文：君子胸怀广阔肚量博大，小人气量狭小总不开心。

谈古论今："君子坦荡荡"，这几乎是任何一个中国人都能脱口而出的格言。但是，说起来容易做起来难。

假如你不是神仙，不是五台山的和尚武当山的道士，你生活在现实社会中，吃五谷杂粮，跟各色人等打交道，为生存而奔波，那么你肯定不会总是坦荡荡，有时候难免会"戚戚"一番的。譬如河南商丘市有个叫赵作海的人，曾因为"杀人罪"被判处"死缓"，在外服刑 11 年后，被宣布"无罪释放"回到家中。这位赵老兄同 2005 年湖北京山县的佘祥林一样，都是因为"被杀人"而蒙冤十余载。当他们走出大牢面对电视镜头的那一刻，我们没有权利要求他们做坦荡荡的君子，像演戏一样，言不由衷地说感谢谁和谁谁还了他清白的官话。相反，他们有权利大哭一场，大骂一顿，揪住那些搞刑讯逼供摧残人性办冤假错案的家伙不放，并索求法律允许的最大数额的经济赔偿。像赵作海、佘祥林这样的冤大头、倒霉蛋，生活中肯定还有很多。所以，我们不可以一概否定“长戚戚”。对于那些遭受不白之冤、人格遭到侮辱、权利受到无端侵害和剥夺的弱势群体，让我们抱持同情之心，给他们以力所能及的帮助。对于他们的“戚戚”之举，应心存一份怜悯与尊重。

问题是“坦荡荡”这三个字，什么人可以做到，什么人应该做到，什么人必须做到？俗话说“宰相肚里能撑船”，就是要求做宰相的，应该肚量大，够宽容。手中握有重权的人，如果不能坦荡荡，一不高兴就抓人就杀人，又没有监督纠正的机制，这样的社会，就是“邦无道”。处在下层的“小人”弱势百姓，怎能不“长戚戚”呢？

所谓“坦荡荡”的胸怀，其实就是宽容的精神。谢世不久的朱厚泽先生，在任中宣部部长期间提出了著名的“三宽政策”，他本人也被称为“三宽部长”。在1986年文化部全国文化厅局长会议上，老朱在讲话中说：“对于跟我们原来的想法不太一致的思想观点，是不是可以采取宽容一点的态度；对待有不同意见的同志，是不是可以宽厚一点；整个空气、环境是不是可以搞得宽松、有弹性一点。”身为中央大员的朱部长，这番今天看起来稀松平常的讲话，在当时却给思想文化界带来巨大的振奋。作为强大的执政团队，手中握有国家机器，这就特别需要宽容的精神。比如对那些爱挑毛病的，吹毛求疵的，提质疑的，唱反调的，表决时该举手时不举手，不该举手时瞎举手的，按表决器时不小心按了黄钮或红钮（弃权或反对）的，端起碗吃肉放下碗骂娘的，对历史定论总是不服非要较个真儿的，在一片大好形势下总爱找些犄角旮旯的阴暗面抖落抖落的，留恋旧建筑不肯住新房死扛拆迁的，为不大点事反复告状上访的，爱在网上发个帖子说点牢骚怪话的，对近百年来中国人的思想能力、创造能力感到惭愧的，动不动就讲个人权提个民主要个自由的，对所谓“普世价值”津津乐道的……等等等等。对以上这些家伙，不妨宽容一些，不扣帽子，不打棍子，不抓不关，给他们留一点生存的空间。譬如你在台上讲话的时候，有人朝你扔过来一只鞋子或者鸡蛋，或者抛洒一把“五毛”的钞票，冲你喊些难听的口号，你能不能坦然面对，欣然接受并充分理解和尊重这些愤青表达意见的权利，而不是像封建时代的统治者那样，抓起来关起来，或者就地正法，诛灭九族呢？领导若能坦荡荡，群众就会少戚戚。掌握权力的人如果能够宽宏一些，雅量一些，这社会就会多一些和谐，少一些纠葛。否则的话，如果连一点不同的意见都容不下，那要谈和谐就有点奢侈了。每年只领取一美元薪水的纽约市市长布隆伯格，当他的施政主张遭到反对派痛批的时候，有人问他会不会"很生气"。他笑着说："为什么要生气呢？我发表了我的主张，我是高兴的。对方表达了自己的意见，他们也高兴。吵完以后，我们彼此都很高兴，不是吗？"我们有些人会嘲笑美国历史短浅，但美国却涌现出大批胸怀坦荡的政治家，这是很值得深思的。

坦荡荡是一种修养，一种操守，一种为人处事的艺术，也是事业成功、家庭幸福的秘诀。身为平民百姓，家长里短，油盐酱醋，难免锅沿碰马勺，彼此要多一些宽容，多一些谅解，多一些忍让，甚至有时候还要甘愿背个黑锅啥的。有个故事说，一个和尚在朋友家做客，走后朋友发现丢了二十两银子，认定是和尚拿走了，就追到庙里讨要，当然免不了有些难听的话语。和尚取出二十两银子，交与朋友，念一声阿弥陀佛。朋友第二天找到了银子，知道是委屈了和尚，将二十两银子送与和尚，说了很多道歉的话。和尚收下银子，又念一声阿弥陀佛。对于突如其来的冤枉、委屈，和尚采取了不辩解不争论的态度，避免了一场烦恼的诉讼，这固然符合佛家的"不垢不净"的境界，但这需要一个前提，就是和尚必须有二十两银子，方能做到权且背着这口黑锅。不然的话，后果如何就很难说了。现实生活中，君子与小人，坦荡荡与长戚戚经常混淆在一起，难以分清。我们每个人，有时候像君子，有时候又像小人，这就是鲜活的人生。这里面的分寸，要靠每个人自己去把握。只不过为健康考虑，还是尽可能多一些坦荡，少一些戚戚为好。

不忧不惧 / 瓷 摹印篆

君子不忧不惧

出　　处：《论语·颜渊篇第十二》原文：司马牛问君子。子曰："君子不忧不惧。"曰："不忧不惧，斯谓之君子已乎？"子曰："内省不疚，夫何忧何惧？"

白话译文：君子不忧虑不惧怕。

谈古论今：司马牛向老师请教君子是怎样的人，孔子告诉他说，君子就是无忧无虑，不担惊受怕。司马牛大概还不大领会得了——啊，不会吧老师，这么简单哪。傻吃傻喝就是君子啦？孔子解释道："一个人，当他反省内心的时候，是问心无愧的。这样他还有什么可忧虑可惧怕的呢？"司马牛因为哥哥谋反逃亡，所以整日忧心忡忡。孔子针对司马牛的特殊情况开导他说，君子就是不忧不惧。所以孔子是了不起的思想辅导员，他从不说那些不着边际的、人听了不懂、鬼听了不信的空话套话假话大话。他每有议论总是有的放矢，针对性很强，这叫“一语中的”。

一个人从出生到老死，除非是智障、脑残，否则就不可能没一点忧虑，没一点恐惧。“人非圣贤，孰能无过”，其实圣贤也并非无过，只是他的简历上、传记上全是被放大了的优点而已。一有过错，就生出忧虑生出恐惧，这再正常不过了。即使没有过错，突然一下子或者莫名其妙地就生出忧虑来，这都不足为怪。通常我们说人都有七情六欲，无论是儒家的七情：喜、怒、哀、惧、爱、恶、欲，还是医家的七情：喜、怒、忧、思、悲、恐、惊，都既有忧也有惧，说明忧惧是属于人的正常心理反应。

既然正常，为什么君子会做到不忧不惧呢？孔子说，关键是“内省不疚”。

夜深人静，万籁俱寂，或独坐窗前，或卧床静思，向着自己的内心、灵魂（如果有的话）拷问：自己的所作所为，到底有没有愧疚的地方？有没有辜负信托背弃承诺？有没有违背良知践踏道德？有没有违反纪律触犯法律？如果没有，——真的没有，那你何忧何惧？踏踏实实睡觉就是了。如果有，那你怎么能摆脱得掉如影随形无处不在的忧虑与恐惧呢？除非你是神仙。像陈水扁把钱存进外国的银行，像陈同海（前中国石化总经理，受贿一亿多元人民币）把钱藏在马桶水箱里（部分），像重庆的前公安局副局长文强把贪来的巨款藏在鱼塘的水下，他们怎么会不担忧事情败露的那一天？他们怎么能睡得踏实过得安稳？

佛经里讲的“心无挂碍故无有恐怖”，与孔子所说“内省不疚夫何忧何惧”，意思接近道理相通。俗语说“不做亏心事不怕鬼叫门”，对于心底里干干净净，做事情磊落光明，宁叫天下人负我，我决不负天下人的君子，小鬼们怎么忍心半夜三更来骚扰咱呢？当然了，现实中也有一些做了亏心事，也能装作若无其事的家伙。不过那些家伙不是一般的人，或者说那一般地不是人。

斯谓之 / 瓷 小篆

斯谓之君子已乎

（出处、解说均见前文《君子不忧不惧》）

文

君子人格的修养风范

君子外表总是给人斯斯文文的感觉。君子在公共场合，不会大声嚷嚷。即使要对敌国宣战，君子也不必声嘶力竭。声音的大小，并不表示力量的强弱。若是身为国家元首，一会儿秀个这，一会儿秀个那，面对记者的非标提问，歇斯底里，张牙舞爪，那是很丢脸的。

君子的衣着，不一定是名牌，不一定多贵，但一定是得体合身，干净雅致。君子见客，即使不一定沐浴熏香，也必定是梳洗整洁，神清气爽。君子讲话，决不吞吞吐吐，絮絮叨叨。那些八股调调，套话大话，君子羞于出口。

君子的斯文，令人沉醉。这看起来像是外表的功夫，但仔细品味，它深藏于君子的内心。优雅的外表就是内心纯洁善良的显现，内心若有美德就一定会通过言行举止表现出来。丑陋的灵魂决不会有真正优雅的外表，就像病入膏肓的人绝不会有生动润泽的气色一样。修饰和掩藏只能短时有效。内心若无真纯洁真学养真道德真才干，头发即使再光亮，也无法赢得尊敬。装斯文就是伪君子。

子贡说："文犹质也，质犹文也。"孔子说："文质彬彬，然后君子。"质为里，文为表；质是内容，文是形式。高尚的内在道德，有待良好的气质修养加以表达；文绉绉的模样，有待充实深厚的学养。只有文与质彼此配合得体，相互辉映，才是真正的君子。

偶尔有报道说大陆中国人在境外旅游时发生打架斗

殴等等不雅行为，颇令人尴尬。从前中国人在国外受歧视，那是因为祖国又穷又弱。如今国家虽然不算穷也不算弱，但同胞们出门在外，经常给自己丢脸。看来，斯文跟兜里有没有钱并无关系。

三变 / 瓷 秦半通印

君子有三变

出　　处：《论语 · 子张篇第十九》原文：子夏曰："君子有三变：望之俨然，即之也温，听其言也厉。"

词语解释：俨然：庄重的神态。厉：严肃不苟。

白话译文：君子的表相有三种变化：从远处看，他庄严可敬；凑近时，他和蔼可亲；听他说话，严肃不苟。

谈古论今：这大概是子夏对老师孔子的印象吧。孔子身高 2.21 米。《史记·孔子世家》称："孔子长九尺六寸，人皆谓之长人而异之。"九尺六寸，按战国尺换算为 23.1 厘米计算，是 221.76 厘米（据《王力古汉语字典》所附《中国历代度制演变简表》）。如果《史记》的记载不误的话，孔子身高应比 2.26 米的姚明略矮一点，是典型的山东大汉，而且身材匀称，肌肉发达膂力过人。在今天看来，年轻时的孔子，应该是绝对偶像级的大帅哥。更重要的是，孔子善于学习，智慧超群，文武兼备，这是现在任何一个大腕明星所无法企及的。在其所处的时代，孔子可以说是百科全书式的人物，他通晓礼、乐、射、御、书、数（所谓“六艺”。其中“御”是驾驶技术，今天看来不算什么。“数”，大致相当于今天的数学，且包含天文学）。他道德高尚，学养深厚，态度温和，言语谨慎，举止优雅。《论语》中很多关于君子的标准、规范等，有的是孔子根据自己的感受和经验总结出来的，也有的是弟子们根据孔子的行为表现加以归纳整理出来的。例如在《宪问篇第十四》里，孔子说君子之道有三条，即仁者不忧，知者不惑，勇者不惧。子贡说："夫子自道也。"这种情况是比较普遍的。为了避免自我表扬和互相表扬，孔子经常在谈到君子的某种品质时谦虚地说“这个我还没有做到”，“这一点我还做得不够啊”。比如“君子道者三”这一节，孔子一开始就说“我无能焉”。虽然如此，大家还都是认为，老师就是这样做的，这就是老师的自我鉴定呢。

对于小孔子 44 岁的子夏来说，他眼中的孔子，不就是一个高大魁梧可亲可敬的老爷爷吗？至于“其言也厉”，子夏是亲身领教过的。他曾被老师严厉斥责过，以至起初他在老师面前都不大敢说话。老师对于学生，家长对于孩子，领导对于部下，元首对于百姓，应该像君子这样具备三变的品质，既威严庄谨仪表不俗，又平易近人和蔼可亲；既海纳百川尊贤容众，又贞固正道和而不同。综观当今国际政坛，无论是君主立宪制度还是民主共和政体，各国元首似乎不约而同地都在演练“君子三变”的仪态。只是王国的元首多“俨然”、多“猛厉”，而票选的元首则更“温和”、更“恭谨”而已。表面上看起来好像是元首们自身的修养、性格不同，其实这背后，有权力取得方式的决定性因素。

日常生活中的我们，要尽量多一些平和，多一些“温良恭俭让”，少一些“威猛”与“严厉”，即使对部下、对儿女、对学生、对乞讨者、对上访人，也都应如此。封建社会的官场上，一些官员满嘴空话、套话、假话、大话，冠冕堂皇，对老百姓吆五喝六，吹胡子瞪眼，对上级对主子，低眉顺眼，摇尾乞怜。身在官场，或有难言之隐吧。但居家过日子或朋友交往，若还是这一套，就讨人厌了。咱中国人，板着面孔过的日子太长了。现如今生活也富裕了，政治运动也不大搞了，就不必再端着了。能不能放下身段，多练练“即之也温”的修养？端架子摆谱的，拿糖捏醋的，只会背讲话稿说套话的，整天忙着梳洗打扮出镜作秀的人，即使不是小人，也一定不是君子，是绝不会受待见的。

质而已矣 / 瓷 小篆

君子质而已矣

出　　处：《论语·颜渊篇第十二》原文：棘子成曰："君子质而已矣，何以文为？"子贡曰："惜乎！夫子之说君子也，驷不及舌。文犹质也，质犹文也。虎豹之鞟（kuò）犹犬羊之鞟。"

白话译文：君子只要品德好就可以了（还要那些修饰干什么？）

谈古论今：这话是卫国大夫棘子成向子贡发出的疑问，意思是品质好就行了吧，要那些光鲜的外表干什么？不料子贡听后很是生气，说可惜了先生您这么大学问。再快的马也跑不过舌头啊，您这一言既出驷马难追啊。打比方说，虎豹的皮，如果把它绚丽花纹的毛拔掉，那它跟狗皮羊皮还有什么区别呢？有谁肯花虎皮的价钱去买一张羊皮呢？

做人正是这个道理。有优秀的品质，还要有良好的修养，就像好的产品要有好的包装一样。俗语说“人配衣裳马配鞍”，它揭示了内在气质与外在表现的逻辑关系，强调人的着装就像马配鞍一样，要般配、恰当，达到内外和谐统一，才是健康人格所要追求的境界。否则的话，你善良，你仁慈，你厚道，你心眼好，你能力强……但你不拘小节，大大咧咧，邋里邋遢，胡子拉碴，说话没大没小，口臭还不刷牙，动不动爱抬个杠、较个真，办事情也没个章法，东一榔头西一棒槌……有谁会赏识你这样的好人呢？要是遇上升职提级、评选先进这样的好事，那些能力比你差的、工作业绩没你好的、甚至论心眼还算不上好人的都把选票搂走了，你只能干瞪眼。没办法，谁让咱“包装”差呢？做人这个“包装”，就是《论语》这一章里讲到的“文”。质与文，就是内容与形式，就是质量与包装。作为君子，要做到二者兼备，内外统一，形神和谐 ，“文质彬彬，然后君子”。

光有好心眼好品德而没有良好的行为举止，顶多是个好人而已，离君子还差那么一点。而真正要达到内外和谐文质彬彬的状态，那是需要熏陶，需要锤炼，需要文化的浸润，艺术的滋养的，绝不是一朝一夕所能奏效的。

君子 / 铜 篆

夫子之说君子也

（见前文《君子质而已矣》）

文质彬彬 / 瓷 小篆
然后君子 / 瓷 摹印篆

文质彬彬，然后君子

出　　处：《论语·雍也篇第六》原文：子曰："质胜文则野，文胜质则史。文质彬彬，然后君子。"

词语解释：文：修饰、装饰。质：内在质素。彬彬：配合协调相宜。

白话译文：一个人既要本性好又要有修养，两方面配合恰当，才算得上君子。

谈古论今：一个不修边幅、邋里邋遢的人，即使他为人还不坏，也算不上君子。因为他质而无文，形象太差。反之，一个穿着光鲜亮丽、浑身珠光宝气的人，如果他损人利己，见死不救，那他也不能算君子。因为他文而无质，中国人管这样的人叫做"绣花枕头"——草包一个，或者"驴粪蛋"——外面光。只有那些内外兼修的人，那些具有善良的品质、肯为社会公众的利益付出牺牲而不求回报的人，那些举止得体、言语谨慎、温文尔雅、善解人意的人，那些具有经过长期修养形成的、在社交场合中自然流露而不是矫揉造作刻意表演出来的优雅气质的人，才能配得上“君子”这一称号。

文质彬彬不是拘谨的、呆板的、装蒜的、表演的，也不仅仅是戴劳力士手表，开悍马汽车，拎LV包，喷舍奈香水那么简单。比如古稀之年的老人，每逢出镜，总是把头发染得乌黑锃光，抹大量发胶使头发一丝不乱，您是否觉得这就是君子的模样呢？文质彬彬是灵动的、风趣的、活力的、庄重的、典雅的、纯洁的、智慧的，它是一种气质，一种修养，一种内在的本质与外在的修饰完美结合的魅力展现。要想达致这种境界，正如“禅”境，需要修炼。心中若是不洁，抹再多发胶也是驴粪蛋一个。

以文会友 / 瓷 小篆

君子以文会友以友辅仁

出　　处：《论语·颜渊篇第十二》原文：曾子曰：“君子以文会友，以友辅仁。”

白话译文：君子靠文明修养结交朋友，并通过有良好修养的朋友来帮助自己成就仁德。

谈古论今：这话是曾子说的。曾子即曾参，字子舆，鲁国武城人（今山东省嘉祥县），比孔子小46岁，跟子夏、子游他们是一个年龄段的。曾参跟他父亲曾皙都是孔子的学生。曾皙的性格比较浪漫比较诗意，当别人都在想着如何做官如何创造政绩的时候，曾皙表示要去郊游，做户外运动（参见《如其礼乐以俟君子》）。而曾参的性格则比较现实，比较严谨，更为符合儒家的主流，因而他的成就要远远超过其父。事实上，孔子的衣钵是靠曾子传承下来的。是他在孔子死后精心培养孔子的孙子孔伋（字子思），孔伋的学生后来又收孟子为徒，创造了著名的“思孟学派”，使儒家学说得以光大。在孔门弟子中，曾子虽然年龄不大，但他的地位却很高，这从孔子死后子夏他们想推举有若为领袖被曾子一票否决的情况即可看出。《论语》中所记载有关曾子的言行，都极为正统、规范、严谨而深刻，颇有圣人风范，被后世尊为“宗圣”。但也有人不喜欢曾子，例如康有为。

曾子在这里谈的是有关交友的问题。前半句说的是交友的原则，后半句说的是交友的目的。现代社会生活中，有很多交友的渠道。比如一起喝酒吃饭的叫“酒友”，一起结伴旅游的叫“驴友”，一起住院治病的叫“病友”，一起参加培训班的叫“学友”等等。但君子交友的方式和普通人不同，是“以文”——用良好的文明修养去结交朋友。我们平常在评价某一个人的时候会说“这人文绉绉的”，“这人挺斯文的”，这里的“文”就是文明修养，是学养修炼的结果，是君子人格必备的品行。君子在跟朋友聚会的时候，要表现出“文”的修养，谈吐举止均要体现出文明的高度——不要庸俗，不要下流，不要粗野，这是君子在交友问题上对待自己的要求。

如果把焦点对准“友”，君子对“友”的要求是有标准的，那就是“文”。这个“文”，不必就是文章，不要以为君子的朋友必须会写文章，不要以为君子与朋友之间只能以文章相互交往，整天诗词歌赋咬文嚼字那一套，不是的。君子的朋友包括君子自己，会写一手好文章那当然是很好的，但不会写文章的，不一定无“文”。在古代“文”与“纹”是通用的，在仓颉造字之初，“文”本来就是“纹”的意思，它是一种装饰，一种美的修饰，后来引申为文章、文化、文明等等。君子要求自己的朋友是有文明修养的，可以不会写文章，也可以不懂琴棋书画，但不能不“仁”，不能不“义”，不能无“礼”。具有善良慈爱的美德，并且以行动在不断实践对他人、社会的关爱，处处以“礼”的规范约束自己，这难道不是“文”吗？一个没有文化修养的人，或者说一个文化修养还没有达到一定高度的人，君子可以对他很客气，可以对他很友好，可以对他很尊重，但不会跟他成为朋友。孔子对交友有“三益”“三损”之说——友直、友谅、友多闻，正直诚实见多识广，这样的朋友叫做“益友”；便辟、善柔、便佞，谄媚虚伪花言巧语，这样的朋友叫做“损友”，只有小人才交这种朋友，君子是不屑与这种人交往的。

“以友辅仁”说的是交友的目的。孟子说：“友也者，友其德也，不可以有挟也（所谓交友，是结交他的道德，决不能有所依仗）。”（《孟子 · 万章下》）君子之间的相互交往，是为了相互切磋、启发、勉励，彼此取长补短共同提高，达致“仁”的境界。因为“仁”是君子的核心价值观，是其终身孜孜以求的目标。凡有助于目标实现的人，君子视其为朋友（当然，这里面也有朋友之间思想激荡所产生的快感，也是一种精神享受）；否则，君子敬而远之。

近几年常有某些港台明星不雅视频被网上疯传，给当事人造成巨大伤害的事情。事后面对公众时，当事人往往痛哭流涕，大喊“交友不慎”。两千多年前曾子就有告诫，可惜交友不慎者不识曾夫子。

泰而不骄 / 瓷 摹印篆

君子泰而不骄

出　　处：《论语·子路篇第十三》原文：子曰："君子泰而不骄，小人骄而不泰。"

词语解释：泰：泰然，舒泰。骄：骄横。

白话译文：君子待人处事泰然自若从不耍横。

谈古论今：君子的修养，自内而外，由质而文。内质，他具有仁爱之心，关怀之意；外文，他温文尔雅，淳朴敦厚。他发达时的表现，是"富而无骄"、"富而好礼"；他落魄时的表现，是"贫而无谄"、贫而乐道。即使是身为国家元首，君子对待普通百姓也不会耍牛耍横，而是谦逊有礼，和蔼可亲。

小人可就不一样了。小人在要发达还没发达之前，就按耐不住要耍耍牛的，撒撒"骄"的。像鲁迅笔下的人物阿Q，梦里发达了，也要过过耍横的瘾——酒醉后的阿Q，梦里参加了革命党，发达后回到未庄，最先想要杀掉的就是本来跟他同属一个阶级的小D、王胡们，再把赵太爷、秀才他们家的好东西统统拿来享用，并且“自己是不动手的了，叫小D来搬，要搬得快，搬得不快打嘴巴……”前几天北京的一位大嫂驾车违章被警察拦住后，大声嚷嚷道：“知道我老公是谁吗？说出来吓死你……”就有点阿Q的脾气了。更有甚者，为了一点小摩擦，即口出狂言凶相毕露，十足一副小人嘴脸。据报道，2010年初在深圳，因为人车争道，行人与车主起了争执。这位车主大约是个有点身份的人，从一开始就咄咄逼人。在处理事故的民警到场后，车主很牛地亮出证件——“××区人民检察院×××”，并当场要求民警查行人资料，对行人说：“你等着，我一定搞死你！”2009年国庆节长假期间，新疆生产建设兵团一对夫妇在甘肃敦煌旅游时，有一位据说是团长夫人的，因为自己在参观中触摸壁画被讲解员制止而不满，结果动手打了人，被网友冠以“最牛团长夫人”。当有人报警时，“团长”说：“你们不要浪费警力，这里不就是一个景点吗？不就是一个小服务员吗？我们是有身份的人……”听说这位团长及其夫人因此恶劣影响而遭到免职。在我们的日常生活中，这种“骄而不泰”的小人故事几乎每天都在发生。

君子的泰而不骄，在东方，是源于“仁”道；在西方，是源于对“人权”的尊重。中国的君子，对于有过错的人，采取的是“恕”的态度；西方的绅士（gentleman，接近但不能等同于中国“君子”的概念），对于有罪错者，采取的是依照法律处置，嫌疑人除法律所剥夺的权利外，其它权利依然受到保护与尊重。美国第29届总统麦金利，在遭到刺客枪击倒地的时刻，还指示警卫抓到刺客“不要伤着他”。即使生命遭遇到危险，也会临危不乱镇定自若，持守心中不变的价值，这就是君子。

君子所贵乎道者三 / 瓷 摹印篆

君子所贵乎道者三

出　　处：《论语·泰伯篇第八》原文：曾子有疾，孟敬子问之。曾子言曰："鸟之将死，其鸣也哀；人之将死，其言也善。君子所贵乎道者三：动容貌，斯远暴慢矣；正颜色，斯近信矣；出辞气，斯远鄙倍矣。笾（biān）豆之事，则有司存。"

白话译文：君子待人接物有三方面需要注意：衣着须得体，态度应庄重，言语必温婉。

谈古论今：在待人接物方面，中国传统文化中是有很多讲究的。其中大部分是讲对待客人应该如何如何，而这一段是讲自己应该怎么做。

这段话是曾子讲的。说这段话的时候，曾子卧病在床，大概是病得不轻，说了些像是告别的话：鸟儿临死前，叫声会很悲哀；人要死了，说话也会善良。接着，曾子把自己认为最重要的行为礼仪告诉前来探视的孟敬子，说："君子最注重的礼仪有三条：第一，衣着要得体，这样就不会受轻慢；第二，态度要庄重，这样会增加双方的信任感；第三，言语要委婉含蓄，这样就会避免因言语不和而起冲突。至于仪规方面，自有专人打理，顺着走就是了。"

我们现在若有外事活动，或者会见重要的客人，一般都会提前做准备：男士要备好西装领带皮鞋，女士要选好合适的礼服并提前做美容、美发，临见客前，还要再补妆、喷洒香水等等，一样都不能少，这就是曾子所说的"动容貌"。为什么要如此麻烦？曾子告诉我们其中的道理，就是这样做是尊重自己，也尊重对方，就不会被人家看轻了。孔子说"君子不重则不威"，也有这层意思。如果你穿着随便，不修边幅就出来见客，在你自己那是不自重，在对方看你是失礼。这样人家对你轻慢些，你也就不要计较啦。有一则毛泽东见柳亚子的故事不妨写在下面，作为君子"动容貌"的例证：

1949 年春天，中共中央从西柏坡进北京。毛泽东住在香山，柳亚子住在颐和园。有一次毛泽东游颐和园，恰巧从柳亚子门前过，就动了见见这位唱和诗友的念头，警卫员就通报进去。此时柳亚子先生正在午休，得知主席来访，传话说请主席稍候片刻。毛泽东和警卫员在柳家门庭下等候约半个时辰仍不见柳亚子，警卫员有些着急。

毛泽东说，不慌，柳先生一定是梳洗打扮呢。又过一会儿，只见大门洞开，柳亚子携夫人双双出迎，二人均是正装礼服，夫人还略施粉黛。柳亚子作揖道：“主席驾到，失迎失迎。”毛泽东拱手说：“不速之客，打扰打扰。”

中国传统的士人，是十分重视会客时的礼节的。其中衣着打扮是给人第一印象。接下来，就要讲究态度和言辞了。

正衣冠 / 瓷 摹印篆

君子正其衣冠

白话译文：君子穿衣戴帽须整洁得体。

（出处、解说等均参见《君子无众寡》）

不器

君子人格的独立精神

古代根据身份、地位以及内容的需要，经常举行规格不同的各种礼仪。属于国家级的礼，主要有吉礼、嘉礼、宾礼、军礼、凶礼等，被称为“五礼”。行礼的时候，要在供案上摆放牺牲（宰杀后经过美化处理的牛羊或猪）、酒、粮食、水果等等，用以敬神祭天或祭祖。那些盛放牺牲、粮酒的容器，例如鼎、樽、罍、卣、盨、簠、簋等等，就叫作“器”。器是尊贵的、美丽的、重要的物件。比之人生，就像在主席台上的端坐者。

人人都想成器。成器就是成功。在某一领域内，出类拔萃，领先群伦，有鲜花、掌声、美女环绕，阔宅、豪车、钞票可以尽情享受，例如奥运冠军、奥斯卡影帝、足球先生或某一独裁国家的元首。器也是有级别的。鼎是最高级的，簠簋级别较低（孔子认为子贡就是这个级别的器）。有人命好，生下来就是器。有人命差，打拼一生，也难以成器。有人少年得志，有人大器晚成；有人生前落寞，死后荣耀；也有人活得风光，死得窝囊。

人生无非就是成器与不成器的分别。儒家一贯求功名搏进取，“君子疾没世而名不称焉”。（《论语·卫灵公》）到死也没能出个名，君子对此是很纠结的。对于尚未成器者，当然首要任务是成器。而对于已经成器者，孔子说：“君子不器。”（《论语 · 为政》）就是不要把成器当成人生的终极目标，别把功名太当作一回子事。要小心器能伤人，器对于人性的戕害就像无形的杀手一样：有人成功以后，人性变成狼性，例如陈世美。有人成器之后，不知道自己姓什么，找不着北了，人话也不会说了，人事也不会做了，整天恍兮惚兮，甘愿做个木偶，被别人把玩。人创造了物，结果反被物所支配，现代西方理论管此叫作“人的异化”。孔子早就看出这种危害，他警告人们不要被器所束缚、所左右：虽然我已经成器，但我头脑依然清醒。我永远是人而不是物，我必须保持作为人的理性、尊严与独立判断的权利。“君子和而不同”“君子周而不比”“君子矜而不争群而不党”。即使全天下的人都在说“文化大革命就是好”,但我仍然可以说它不好。我为此可以放弃“器”的地位，甚至生命。我宁可去投昆明湖（王国维）、太平湖（老舍），也要保卫我独立的人格自由的精神。

成器之后的感觉如同登临丘埠而观远山：哦，原来还有不器的境界比器更高。

君子不器 / 瓷 摹印篆

君子不器

出　　处：《论语·为政篇第二》原文：子曰："君子不器。"

词语解释：器：器皿，物件，工具。

白话译文：君子不止于成为器物。

谈古论今：子贡听到老师以少有的语气赞赏子贱为君子——"子贱君子哉"，就迫不及待地问："您看我怎么样？"孔子说："你呀，就是个器呀。"子贡说："什么器呢？"孔子说："瑚琏。"

这段对话，颇为生动。穿越数千年的时空，今天读来，我们似乎都能感觉得到当时子贡的紧张、急迫、失落，还有点沮丧；而孔子是那么从容、那么温和，俨然之中还透着幽默，甚至还有点逗弄子贡的心态。显然的，在孔子看来，子贡离君子的标准还有一段距离。对于孔门最优秀的弟子之一的子贡来说，老师的确是够严厉。

瑚琏，是一种祭器。祭祀的时候，要在祭台上摆出酒、肉、食品、水果等各种好东西，以供神享用。瑚琏就是其中用来盛粮食的器皿。何晏《集解》引包咸的话说："瑚琏，黍稷之器。夏曰瑚，殷曰琏，周曰簠簋，宗庙之贵器。"看来瑚琏簠簋，是一个东西，只是各个时代叫法不同。出土的簠与簋，有陶制的，有铜制的；其形有方有圆，以圆的居多。汉代郑玄解释说："方曰簠，圆曰簋。"从造字方法分析，簠和簋都带"竹"字头，或许春秋前后已有了竹制的瑚琏。王力先生指出："簋……也有木制或竹制的。"（《古代汉语》下册第一分册）从瑚琏二字都带有"玉"的偏旁来看，或许是在竹制的簠簋上缀有珍贵的美玉，这样的礼器被称为"瑚琏"吧。如果这一个推测不错的话，那么比起那些用铜铸就的鼎、尊等来，同为礼器的瑚琏，虽然其"文"并不逊色，但其"质"一定是略输一筹的。而且瑚琏作为盛粮食的器，其地位也不如盛酒肉的鼎、尊。孔子以瑚琏喻子贡，一方面是说子贡已经成器，修养学问已经达到高级阶段；另一方面的意思，是说你子贡走了"实用"（形而下者谓之器）一途，倒也不错。但君子的使命是求仁弘道（形而上者谓之道），你还有差距，需要继续努力。孔子对子贡是高标准严要求，批评多，表扬少，这跟子贡的特殊身份有关。

"器"是人们为满足需要而制作出来的物件。例如为便于吃饭喝水人们制造了碗、盂、钵等，为便利交通运输造出了舟车等等。天然的，未经加工的东西，或者加工过程中出现的废品，叫作不成器（成语有“玉不琢不成器”）；用处大的叫大器（成语有“大器晚成”）；贵重的叫重器；受到重视准备重用或已经重用的叫器重，等等。简言之，成器即成功。一般人，都希望自己能够成器，自己若无望，便寄希望于儿孙后辈。总而言之，人人都想成器，没人不想成功。

但比喻归比喻。君子作为人，器作为物，这二者之间存有根本的不同。所谓“君子不器”，是君子不同于器、不止于器、不囿于器、不满足于器、不束缚于器、不被器所异化的意思。首先，人不是物。人是活的，他有思想有感情有灵性有尊严有主体性有自主性；器是死的，它即使再高贵，也不过是个物件，只能任人摆布。过去曾有个口号叫作“革命战士是块砖，哪里需要哪里搬”，在军队里，这也无可厚非。但用之于全社会，就是把人当做物件，无视人的尊严与主体性。其次，人的价值，无可衡量。不是说建筑工人能盖房子航天专家能造火箭就是他的全部价值。而器，不过就是那么几项功用而已。再其次，人有理想有专业之外更高的目标，他的追求会持续到死永不停歇。而器到成器为止，再无进步。最后，人靠智慧才华造就出器，必须防止反被器所控制，成为器的奴隶，这就是近代工业文明以来出现的人的“异化”、“物化”问题。孔子多么厉害，两千年前就已经警示过这个问题！难怪1988年在巴黎，75位诺贝尔奖获得者共同发表宣言，称人类要解决未来发展的问题，必须向孔子汲取智慧。

如果我们把“器”理解为在某一领域取得成功的“人”，也许就更为接近孔子的原意。比如说，一个拿到奥运冠军的体育明星，一个获得奥斯卡奖的电影明星，一个荣获诺贝尔奖的科学家，毫无疑问，他们的人生是成功的，是成器了。但能否说这就是获奖者的最终追求了呢？举例来说，一个大明星、一个大富豪或者一个大官员，当你面对巨大灾难，哀鸿遍野的时候，或者当腐败分子鱼肉百姓民不堪苦的时候，或者当社会出现巨大不公人的权利普遍遭到践踏的时候，或者当一个独裁政权在人民连肚皮都吃不饱的情况下却一意孤行拼命发展核武器制造战争恐怖的时候，或者当一个国家一夜之间灭掉另一个主权国家的时候，你是觉得“此事与我无关”，采取不闻不问的态度呢？还是牵动恻隐之心公平之义，济困扶危，发声发言，扬善除恶，伸张正义？如果是前者，那你充其量不过是个器而已。如果是后者，你便为君子。如果你为了保住自己的“成器”地位，就甘愿听人差遣，受人摆布，关键时刻不说自己想说的，而只说人家要你说的话，完全丧失了作为人的独立判断和自由精神，那么你就是被器所异化的一个悲剧。如果是这样，不管你成就多大的器，最终你只能被定格在“器”的层面，而无法进入“君子”的行列。

国学大师陈寅恪在为王国维撰写的墓志铭中，高度概括了作为典型中国知识分子的人格特征 :“独立之精神，自由之思想。”这或许可以取作“君子不器”的一种注解吧。

君子和而不同 / 瓷 小篆

君子和而不同

出　　处：《论语·子路篇第十三》原文：子曰："君子和而不同，小人同而不和。"

白话译文：君子善与他人和谐相处但并不盲目附和，小人则只求表面上的一致而根本不懂和谐相处的道理。

谈古论今：孔子在这里谈的是儒家关于各种人、各种文化相处的大原则：一方面，承认个体观念的独立和差别，承认异端，宽容和尊重异己的力量。对于不同的主张甚至反对的声音，给予其空间，允许其存在，这是"和"的前提、"和"的本质；另一方面，尊重自己的独立人格，不轻易改变自己的主张，不盲目附和他人的观点。在彼此的意见得到充分尊重的前提下，寻求共通之处，争取达成共识，以便协调一致的行动。这里既讲到了如何正确待人，又讲到了如何正确对己。

和与同有着显著的区别。"和"是"万物并育而不相害，道并行而不相悖”，大家和睦相处，彼此尊重，不搞摩擦，不激化矛盾，不引发冲突。中国文化的精髓之一，就是“和”，和为贵。在 2008 年北京奥运会的开幕式上，用中国活字印刷术反复凸显了一个汉字，就是这个“和”字。它从一个侧面展示出中国传统文化的理念，寄托了中国人民希望与世界各国人民和睦共存、和谐发展、和平进步的美好愿望。“和”好比是一锅汤，在水里加入糖、醋、盐、葱、姜、蒜，只要比例合适，用这锅汤来烧鱼，味道鲜美。对于水而言，糖醋盐是“异己者”，而汤的美味正是来源于那些“异己者”。“同”好比是一锅水，跟水同者只有水而已，所以加再多的水，也还是一锅寡淡无味的水而已。这个比喻，是中国春秋时代齐国的首相晏婴讲的。君子应当容纳团结那些持有不同意见的人，大家各自发挥专长，共同构成和谐的社会；小人则会要求别人必须跟自己一致，否则即予排斥打击。君子相处是一锅美味的羹汤，小人相处只能是一盆无味的水。汤的道理音乐绘画中也有，日常生活中也有，政治外交中也有。

世界本来就是多元的、多样的，我们应当尊重并保护好这种多元化、多样性，否则如果全世界只有一种鸟、一种肤色，那多没意思。我们要给予不同的国家、不同的人民乃至人类以外的生物以尊重，不把我们的好恶强加给他人，也不因为羡慕他人而迷失了自己，这就是“和而不同”的社交哲学。譬如我们中华传统文化，虽然灿烂悠久，我们也以此为骄傲，但对于古希腊、古埃及、古巴比伦、古印度文化，乃至目前还存在于世界各地的处在不同历史阶段的文化，甚至工业文明以来全人类所创造的精神文化成果，我们都应当采取尊重和虚心学习的态度，而不是类似沙文主义或其他不应有的态度。在当今双边或多边的国际交往中，尤其应当倡导这种和而不同的君子之道。对自己，我期待与你和睦共处，谋求彼此的共同利益与普世价值。但我得保持独立的思考与判断，请原谅我不能盲目附和你的高见；对你，我尊重你的见解你的选择，我不会要求你非要同意我的意见。比如我们黄种人和黑种人可以做好朋友，可以通婚，可以做生意，但我不会要求你把皮肤“漂黄”，你也不要让我把皮肤“染黑”，大家和而不同不是很好吗？最近美国和古巴的关系开始走上“改变性质的进程”（奥巴马语）。以局外人的眼光看，双方和谐相处，彼此尊重，不仅对双方都有好处，对整个世界也是有利无害的。美国应当尊重古巴的政治选择和文化传统，尽快撤销有关对古巴的禁运法案，恢复双边经济贸易关系；古巴也应当尊重美国对民主政治、人权和自由市场经济的迷恋和坚守，对奥巴马总统发出的善意信息做出积极的回应，为改善两国关系前进一步。

“和而不同”，说起来容易，听起来舒服，做起来难。若没有坦荡的胸怀、深刻的识见和良好的修养，怕是不成。听到一点点不同的意见，就大动肝火甚至大动干戈，这样的人或组织，离君子之道，恐有十万八千里不止。

在日常生活中，“和而不同”的君子不是很多见，倒是“同而不和”的小人比比皆是。假如你在某公司或某机关任职，你看对老板和领导的话，有几个举手反对的？可在私下里，调皮捣蛋的往往正是那些带头鼓掌的家伙。

君子周而不比 / 瓷 古玺

君子周而不比

出　　处：《论语·为政篇第二》原文：子曰："君子周而不比，小人比而不周。"

词语解释：周：团结。周有周到、周全、周圆之意，故引申为团结。比：勾结。比有比肩、跟从之意，故解为勾结。

白话译文：君子讲团结而不是勾结，小人则是勾结而不是团结。

谈古论今：团结与勾结，虽一字之差，含义却大不相同。团结，是在正确的价值观引导下，为了共同的积极的目标大家凝聚在一起奋斗。勾结，则是在错误的价值观主宰下，少数人为了眼前的暂时的共同利益，互相利用而纠结在一起。二者有正邪、清浊之分。

君子团结在一起奋斗，其所追求的利益目标，首先是为他人、为大众、为社会、为天下。这种利他的目标追求，并不排斥利己。在正常健康的社会条件下，社会可以创造出这种既利他又利己的工作环境，为君子提供施展才华的舞台。但有时候会遭遇于己不利甚至有害的非常情况。当崇高目标与自身利益相冲突的时候，君子选择放弃的，不是崇高目标，而是自身利益。

儒家主忠信而求“周”，目标崇高，凝聚力才强；彼此相处愉快，团结方可持久。小人则截然相反。他们勾结是为了谋求一己的私利，这种私利通常是与他人、大众、社会的利益相冲突的。当勾结的结果会损害甚或仅仅是减少自身利益的时候，他们会立即放弃勾结。必要时，他们会毫不犹豫地对同伙下手。小人相互之间的勾结，由于各自利益诉求的必然冲突，决定了这种勾结不可能长久。

矜而不争 / 瓷 齐白石体

君子矜而不争群而不党

出　　处：《论语·卫灵公篇第十五》原文：子曰："君子矜而不争，群而不党。"

白话译文：君子谨慎持重不与人争，合群入流但不拉帮结派。

谈古论今：同样的话，孔子还说过"君子无所争"、"君子周而不比"、"君子和而不同"等等，意思大致接近。矜，是一种态度，一种仪表，一种坚持，一种尊严，君子必须坚守不弃。不争，是指对家长里短鸡毛蒜皮的非原则问题不争。但在真理面前，还是要争一争的。只是这种争，不一定要抬杠，不一定要吹胡子瞪眼脸红脖子粗。

关于群而不党，必须指出古代汉语中的"党"字，常常被用于贬义，例如"结党营私"、"党同伐异"、"死党"等等。因此儒家认为像君子是不必结党的。但是时代发展到今天，"党"的贬义性质已逐渐褪去，变为中性甚至褒义词被广泛应用于社会政治领域。譬如美国的民主党与共和党，日本的自民党与民主党，英国的工党与保守党等等。这些政党在不同时期有不同的政治主张，他们一会上台，一会下野，也说不上哪个就是好党，哪个就是坏党。今天我上台执政，你在野监督；数年后你上来，我下去，角色互换，谁胡来谁下台。所以今天看来，“群而不党”这话，只有在“拉帮结派”这一贬义的情况下，君子是不宜加入的。而对于正常的政治活动，应当允许人们加入自己所赞同的政治纲领的党派，为推动法治清明、社会进步贡献力量。孔子若能活到今天，我想他老人家是会赞同这一主张的。

君子易事 / 瓷 金文

君子易事而难说也

出　　处：《论语·子路篇第十三》原文：子曰："君子易事而难说也。说之不以道，不说也；及其使人也，器之。小人难事而易说也。说之虽不以道，说也；及其使人也，求备焉。"

词语解释：事：共事，同事。说（yuè）："悦"的通借字，喜悦。

白话译文：君子这种人，你和他共事比较容易，但要想讨他欢心则比较难。

谈古论今：上点年纪的人，一生中共过事的人会很多，年轻人即使没有同事也会有同学。回想那些同事同学，有的人特别好，令人觉得能够与他（或她）共事一场真是幸福。为什么呢？因为他好相处：他厚道，平和，不爱挑别人的毛病，你奉承他几句，他也不是很开心，你若批评他几句，他也不恼火。他若是你的领导、上司，不管你是否得罪过他，也不管你是否给他送过礼，上过贡，他都会对你量才使用，让你的特长、优点发挥得淋漓尽致。所以你愿意在他的手下工作，在必要的时候你可以做出个人利益的牺牲。这样的领导，就是孔子所说的君子。如果你的运气好，你会偶尔遇得到。有些倒霉的人，一生都碰不到一个这样的好“头儿”。

如果我们是某组织的领导，就要学习这种君子的作风。为人厚道些，作风朴实些，心态平和些。别让部属觉得咱太难伺候，背地里怨声载道，骂声不绝。2009 年吉林省的通化钢铁公司因为改制重组问题使领导与群众矛盾激化，导致总经理陈某某被殴打致死。这是一起严重的恶性事件，听来令人痛心。打死人的人无疑要承担法律责任，但若从总结教训的角度看，死者身为领导，在处理与群众利益相关的问题时，所采取的工作作风和方法还是有所欠缺的。若能以君子的处事态度行使领导权力，一定不会招致这种杀身之祸。

难说，就是难悦，难以取悦他之意。你要想取悦他，必须“以道”，就是你把工作干好了，把正事办妥了，他就会高兴。而你工作任务没完成，却想多拿奖金得到提拔，你就是请他喝酒，请他桑拿，他也不会“悦”的。

小人与君子恰恰相反。取悦他倒容易，喝个酒，吃个饭，唱唱卡拉 OK，或许再泡个脚，按个摩，也许就搞定了，但共事就难了。真要用人的时候，他会对你求全责备。在小人的眼里，你浑身上下，除了缺点，就是毛病。在他的手下，你哪里还有出头的机会呢？

至于斯 / 瓷 魏碑

君子之至于斯也

出　　处：《论语 · 八佾篇第三》 原文：仪封人请见，曰："君子之至于斯也，吾未尝不得见也。" 从者见之。出曰："二三子何患于丧乎？天下之无道久矣，天将以夫子为木铎。"

词语解释：斯：这里。

白话译文：凡是到过这里的君子，我是都要和他们见见面的。

谈古论今："仪"地的行政长官请求见孔子，说："凡是到这儿来的君子，我都要和他们见个面的。"当他与孔子见过出来后，对孔子的随从者说，你们何必整天为做不上官而着急忙慌呢？天下太黑暗了，你们的老师将成为照亮这世界的明灯，你们自然就都会大有前程啦！

其　它

君子之道内涵十分丰富，无论怎样归类，都不无勉强之嫌。孔子及其弟子们在谈论君子的修养与处世态度时，所涉及的内容几乎涵盖了现代人格学的全部范畴。以下为前述九章所难以归纳的部分。

躬行 / 瓷 金文

躬行君子

出　　处：《论语·述而篇第七》原文：子曰："文，莫吾犹人也。躬行君子，则吾未之有得。"

词语解释：躬行：实践，真做实干，身体力行。

白话译文：文采方面有很多人比我不差，但真正身体力行的实干家，我倒是没见着几个。

谈古论今：孔子不是一个空头理论家，他十分重视和强调实践。他认为学习的快乐在于"学而时习之"，"习"就是练习，就是实践，就是应用。他要求弟子们少谈理论多干实事，要把事情干好了再说。他自己从一个仓库保管员开始步入仕途，曾经官至鲁国中都宰、司空、大司寇，还代理过三个月的宰相，把自己的所学，用于治国理政，政绩斐然。但由于强大的贵族势力的阻挠，他不得不终止在鲁国的政治前程，踏上周游列国的颠沛之路。他在卫、陈、郑、曹、宋、蔡等国间往来奔波，就是希望寻找机会一展宏图，但始终不得志，这是他终其一生都觉得遗憾的。所以，尽管在一般人看来他也算是成功人士，但他自己却是相当不满意。因此，每当面对学生回答问题的时候，他总是希望学生们抓住机会大干一场，而不是坐而论道，空谈清议。

关于这段话的解释，在石永楙之前，主流的注家是这样说的："文采方面我跟别人差不多，但实践上我就做得不够了。"石先生批评说，"未之有得"的"得"，就是上文"得见君子"的"得"，意思是未曾得见，并不是孔子谦虚说自己不足为躬行君子。若按以往注家的解释，孔子连躬行君子都算不上的话，那算什么呢？"又何以率教乎？"如果联系此前孔子批评那些光说不练的"论笃色庄"者来看，石永楙的说法更合乎逻辑。故本处"白话译文"采用石说。

君子 / 铜 甲骨文

子贡问君子

出　　处：《论语·为政篇第二》原文：子贡问君子，子曰：“先行其言而后从之。”

白话译文：子贡请教什么是君子（孔子回答说：就是在说之前先把事做好了的人）。

谈古论今：（见后文《君子耻其言而过其行》《君子欲讷于言而敏于行》）

耻其言而过其行 / 瓷 摹印篆

君子耻其言而过其行

出　　处：《论语·宪问篇第十四》原文：子贡问君子。子曰："先行其言而后从之，君子耻其言而过其行。"

词语解释：耻：羞耻，以……为耻。

白话译文：君子对说大话做小事或者说空话不做事的行为感到羞耻。

谈古论今：孔子对于说话做事的态度是一贯的、明确的，那就是说话要少一些，慢一些，做事要多一些，快一些——讷于言敏于行。这里的"耻其言而过其行"，意思相近，是告诫人们不要说大话空话，警惕言过其实。

这段话是孔子针对子贡的性格特点说的，带有明显的批评、警示子贡的意味。子贡这个人，在我看来，是孔门最优秀的弟子。论年龄，他比颜回小1岁（颜回小孔子30岁），比子路小22岁，但比子游子夏他们要大十几岁。在孔门弟子中，子贡是真正承上启下的一个顶梁柱。尽管论勇武他不及子路，论道德才学他不及颜回，论诗词歌赋他不及子夏，论琴棋书画他不及子游、子贱，但子贡各方面发展比较均衡，是难得的通才。特别值得称道的是，子贡善于理财，具有经商的天赋。在春秋末期那样一个纷乱的时代，子贡能够审时度势，抓住机遇，高抛低吸，获取超额利润，为孔子团队各种活动提供强大财政支持。司马迁说子贡“好废举，与时转货赀……常相鲁卫，家累千金”。孔子评价他说“赐不受命，而货殖焉，億则屡中”。可以说，子贡对孔子团队的贡献是最大的。没有他，孔门这样一个庞大的民间团体如何存活都很成问题。子贡杰出的外交才能在当时也可以说是盖世无双。当齐国的田常欲率兵伐鲁的危急时刻，孔子问谁可以使齐退兵？子路要去，被孔子否了，子张、子石请缨，“孔子弗许。子贡请行，孔子许之”。子贡到了齐国，凭其“利口巧辞”，动员齐人改攻吴国；之后又赶赴吴国，动员其伐齐救鲁，并代表吴王赶赴越国，免除了吴国的后顾之忧；之后又赶赴晋国，动员其备战吴国。经过一番紧张的穿梭外交，终于引发了吴齐、吴晋、吴越之间数场大战，导致了吴国灭亡越国称霸，而小小的鲁国却免遭屠戮，安然无恙。《史记》称道：“故子贡一出，存鲁，乱齐，破吴，强晋而霸越。子贡一使，使势相破。十年之中，五国各有变。”对于鲁国而言，子贡有救国之功；

对于孔子而言，子贡光耀门楣，无人匹敌。子贡对于恩师孔子，竭尽忠诚，侍奉左右。孔子死后，是子贡一手操办的丧礼，并且在率众弟子守孝三年后，又再守三年，前后共六年，在孔门数千弟子中是绝无仅有的。

但是，令人困惑的是，孔子却不是那么喜欢子贡。孔子最喜欢颜回，可惜颜回短命，不幸早逝；孔子又喜欢子路，虽然有时候要骂他几句“野哉”，但要让孔子从众多弟子中选一个人陪伴他，这个人一定是子路。孔子还喜欢子贱、南宫适、公冶长等，直接称赞他们“君子哉”，还把自己的女儿嫁给公冶长，把自己的侄女嫁给南宫适。对于子贡，孔子不但少有赞美之辞，而且不乏批评之语，例如本章。石永楙先生认为，这可能是因为《论语》为子贡所编，凡涉及赞美自己之辞，均为所删，可见子贡人格之伟大。涂宗涛先生认为，孔子虽是圣人，但其识人辨才，亦不无可商榷处。其实颜回不过一个书呆子而已，即使不早死，料也无甚建树。他的优点，就是惟孔子之命是从，所发议论，总是在深刻领会孔子讲话精神上下功夫，少有卓见与创新，更无质疑与驳议。看来孔子是喜欢像颜回这样乖巧、顺溜的弟子，而不喜欢像宰我那样爱提不同意见的学生。作为教师，这是不足取的。

子贡的成功在于他思维敏捷言语犀利，但在孔子面前，这一点也很吃亏。孔子把他跟宰我一块儿划在“语言优等生”的栏里，明里表扬，暗里批评。不管孔子对子贡看法如何，但这里的一番话，还是十分地圣明：君子对自己严格要求，小心谨慎，尽量不说过头话。万一说露了嘴，深以为耻；对于夸夸其谈只见言语不见行动的表现，不管是自己还是他人，都是采取鄙视的态度——耻之。

北京清华大学礼堂前的草坪上有一块石碑，上刻着四个字：行胜于言。不知台湾新竹的清华大学是否也有这样的石碑。希望全体中国人都能以这四个字为座右铭。

敏于行　讷于言 / 瓷 摹印篆

君子欲讷于言而敏于行

出　　处：《论语·里仁篇第四》原文：子曰："君子欲讷（nè）于言而敏于行。"

词语解释：讷：语言迟钝、缓慢。敏：敏捷、利落。

白话译文：君子言语要谨慎缓慢些，行动要勤快敏捷。

谈古论今：中国人在教导儿女如何为人处事时，往往说：少说话，多做事，简称"少说多做"，或者"先做后说"，"做了再说"，甚至"做了也不说"。这是符合两千多年前孔子的教导的。孔子认为，君子应当是说话不多，干事利落的人。子贡曾经向孔子请教什么是君子，孔子回答说："先行其言而后从之，君子耻其言而过其行。"就是在说之前，先把事做在那儿了，这样的人才称得上君子。孔子十分讨厌夸夸其谈言过其实的人，认为"巧言令色鲜亦仁"，意思是花言巧语的没什么好人。上世纪八十年代前后，日本有个电影演员叫高仓健，他演的角色多数都是沉默寡言的，而在关键时刻总能见义勇为，不惜生命。高仓健在中国有很多“粉丝”，是因为他特别符合中国人头脑中“君子”的形象——少言寡语，做事地道。

这一点，中西方的观念就有差异了。在面临一个任务的时候，西方人主张大声说出你要做什么，明确表达你的信心：我能做，我会做，我要做，我百分百能做好，我有十足的把握，我的能力超强，这任务交给我一定不会错！而中国人则不喜欢这样。他明明可以做得好，明明也渴望去完成这项工作，但他在表达上却经常采取与西方人完全相反的方式。他会这样说：让我试试看吧。如果指挥官是西方人，那中国人一定是没机会的。如果指挥官是中国人，那西方人十有八九要遭淘汰。中国人做事，不喜欢张扬。中国人含蓄，中国人深沉，中国人低调，中国人有十分的本事往往只说有六分，中国人能而示之不能，实则虚之，虚则实之。中国人“有”的时候他说没有，而没有的时候他反倒会说有。中国人中那些真正的富人往往穿戴简朴，饮食清淡，显示出平民气象；而有些平民，反倒到处炫耀、四处招摇，显摆自己多么“富有”。中国人不那么容易看透。

现任联合国秘书长韩国人潘基文先生，是一位谦谦君子。他行事低调，作风朴实。在亚洲，韩国是受儒家文化影响较深的国家之一。潘先生的性格中，有明显的君子人格元素。但在联合国这样一个以西方文化为主流意识的多边外交舞台上，潘先生的君子风度就有些吃亏了。英国的一家媒体曾经给潘基文打了一次分。在 10 分为满分的评价里，潘先生仅仅得到 2 分。美国的一份杂志也公开批评潘先生，说他缺乏国际领导能力，在重大问题上只会发表转瞬即逝的声明云云。公平地说，潘先生稳重，勤奋，也富有改革精神，给联合国带来了崭新的气象。他温文尔雅的形象，给我留下很好的印象。但西方人喜欢张扬的，强势的，潘先生的“儒雅风格”不对他们的口味。倘若让亚洲人来给潘先生打分，我想结果会是不一样的吧?

要想了解中国人，千万不要仅凭语言做判断。“贪官最爱讲廉政，婊子偏要立牌坊”。一个木讷的、不善言谈的中国人，很可能正是个君子，是个天才，是个“大家”；而伶牙俐齿、口若悬河的主儿，则很可能是个骗子，是个大忽悠。孔子教导我们说，要看准一个人，应该“听其言而观其行”，观其行是主要的。这或许正是很多优秀的中国人寡言少语的原因吧。

思不出其位 / 瓷 鸟虫篆

君子思不出其位

出　　处：《论语·宪问篇第十四》原文：曾子曰："君子思不出其位。"

白话译文：君子考虑问题不超越自己所处的位置。

谈古论今：很显然，曾子是在为孔子的"不在其位不谋其政"的名言做解释。如果你是科长，你就少考虑处长的事；如果你是处长，就少考虑局长的事；咱普通老百姓，不必整天考虑国家元首的事——国家大事，自有"肉食者谋之"，我等小民"又何间焉"！"君子思不出其位"应该就是这个意思。一个人如果整天思考的净是些和自己所处的位置无关的问题，那是不太妥当的。原国务院副总理、人大副委员长田纪云在谈到退休后的生活时说："领导干部退休，关键是要休。千万不可再利用各种关系干预朝政，对现在的领导人指指点点。要知道，革命就像接力赛跑一样，一人跑一棒，你的一棒跑完了，就坐到一边休息去吧，不要再对跑下一棒的人指手划脚。更应懂得，长江后浪逐前浪，世上新人换旧人。地球离了谁都照样转，而且转得更好！”假如美国前总统克林顿、布什父子俩，退休后还是不甘寂寞，老是惦记着替奥巴马拿个舵，当个家，那他们就算是“思出位”了，君子是不这么讨人嫌的。

如果我们承认人的精力的有限性和对于信息掌握的局限性，要想有所发明有所创造有所进步有所成就，那就老老实实在本职工作上动脑筋下功夫卖力气，不要把精力浪费在八竿子搭不着的事情上。如果对眼前的工作没兴趣，经过努力也不行，那就赶紧跳槽换工作，千万别“身在曹营心在汉”，弄得神情恍惚心不在焉。

不过还有两句话是几乎全体中国人都熟悉的。一句是“天下兴亡匹夫有责”；另一句是“家事国事天下事，事事关心”。前一句是明末清初的大学者顾炎武在明亡之际发出的呐喊；后一句是明万历进士、东林党人顾宪成所写的一副对联的下句。这两句像是格言的口号，在中国人特别是中国知识分子中影响深远。如果把这两句话拿来和“君子思不出其位”放一起，感觉似乎有些矛盾：曾子倡导少管闲事，顾氏主张事事关心，到底听谁的？

其实二者并不矛盾。曾子说的是处事的原则、技巧，顾氏说的是做人的大节、胸怀；曾子说的是具体、微观、操作层面上的事，顾氏说的是抽象、宏观、方向层面上的事；曾子说的是太平盛世下把握成功的诀窍，顾氏说的是乱世危亡时刻做人的选择。关心国家大事与做好本职工作有矛盾么？回答是：正常社会状态下，没有。危亡时刻，有。上世纪三十年代，日本军国主义者发动了对中国的侵略，正常社会秩序被打乱，学生无法读书，商人无法经商，在民族危亡的时刻，大家只有拿起枪，上战场——天下兴亡匹夫有责。此时如果有谁站出来说“君子思不出其位”，非被骂成汉奸吃一顿老拳不可。这就是真理的“时效性”问题。虽然都是真理，但在什么时候用，什么场合用，那是有讲究的。时下，希望青年朋友们照曾子的话做，早点成就事业，少走些弯路。当然了，茶余酒后，国家大事，世界新闻，任咱评说，也是一乐。必要时建言献策，发表主张，利国利民，也是君子的本份。

什么话当讲，什么话不当讲，什么事当为，什么事不当为，什么时候可做，什么时候不可做，君子自当有分寸，千万别犯拧。

君子亦有恶乎 / 瓷 汉瓦当

君子有恶乎

出　　处：《论语·阳货篇第十七》原文：子贡曰："君子有恶（wù）乎？"子曰："有。恶称人之恶者，恶居下而讪(shàn)上者，恶勇而无礼者，恶果敢而窒者。"曰："赐也亦有恶乎？""恶徼以为知者，恶不孙(xùn)以为勇者，恶讦(jié)以为直者。"

白话译文：君子也有厌恶的人或事吗？

谈古论今：这是子贡问孔子的话。子贡姓端木，名赐，卫国人。子贡深沉而富有远见，做事踏实而又善于变通，孔子给他的评价是一个字——达。他口齿伶俐，思维敏捷，曾做过鲁、齐两国的宰相，也是杰出的外交家。最重要的是，子贡会做生意，是商界精英，孔子门下最善理财的专家。他后来自然地就成为孔子集团的首席财务官，集团所有开销包括孔子去世后庞大的丧葬费、数十人为孔子守丧的开销，几乎都是子贡筹措来的钱。在春秋那样一个纷乱的时代，孔子及其一大帮种粮不如老农、种菜不如老圃的学生们，整天还能够开课讲学，高谈阔论，如果没有子贡的精心经营给予财政上的支持，那是不可想象的。

子贡在这里问孔子说，君子胸怀坦荡，意气阔远，难道也有烦心的事吗？也有讨厌的事吗？也有憎恨的事吗？孔子回答说："当然了。有四种人是很令君子厌恶的：一是爱嚼舌头到处散布别人毛病的人；二是身为部下却老爱说自己上级坏话的人；三是鲁莽无礼的人；四是看起来果断勇敢其实刚愎（bì）自用的人。"然后孔子反问子贡道："你也有憎恨的事吗？"子贡回答说："我憎恨剽窃别人的成果据为己有的人，憎恨不懂礼节却自以为勇敢的人，憎恨爱揭发别人的隐私却自以为直率的人。"

这段对话有可能发生在子贡正在为什么事生气的时候，而且极有可能是在与子张、子游、子夏等人之间发生矛盾的时候。根据孔子死后以子张为首的小集团欲取消本已实际成为后孔子时代老大的子贡，推举有若作为孔子接班人的举动来看，子贡与这帮小同学之间的矛盾一定是由来已久的。事实上，在任何一个集体里，没有矛盾是不可能的，即使像孔子做校长的这个学校里也是一样。身为孔门大弟子的子贡，他整天要操持那么多的事，要协调那么多的人，要赚钱给大家花，还要大家别误会自己“向钱看”，还要忍受着别人背后说三道四，叽叽喳喳，怎么会没有烦恼呢？这回子贡很可能正陷在某一个局里不能自拔，便借请教的机会，对着老师排解一下自己内心的郁闷。请注意子贡并不说自己如何如何，而是拿君子说事儿，这是很高明的；孔子也绝对是做思想工作的高手，他一定是了解子贡不开心的原因，针对子贡的心结开出四味药。然后又关切地询问子贡你憎恨什么，引导子贡敞开心扉，把疙瘩化解掉。如果我们把孔子所厌恶的四种情况和子贡所憎恨的三种情况加以对比的话，不难看出它们具有高度的重合性，这说明孔子是了解子贡的思想状况的。师生这番谈话，表面看来云山雾罩，其实彼此心照不宣。

君子不入 / 瓷 甲骨文

亲于其身为不善者，君子不入也

出　　处：《论语·阳货篇第十七》原文：佛肸（bì xī）召，子欲往。子路曰："昔者由也闻诸夫子曰：'亲于其身为不善者，君子不入也。'佛肸以中牟畔，子之往也，如之何？"子曰："然，有是言也。不曰坚乎，磨而不磷；不曰白乎，涅而不缁。吾岂匏瓜也哉，焉能系而不食？"

词语解释：亲：亲自。

白话译文：直接参与干坏事的人，君子是不去沾包的。

谈古论今：晋国的中牟县行政长官佛肸，给孔子发来请柬，邀请孔子莅临中牟，帮他出出点子，指导指导。孔子动了念头，想去，可是被子路挡了驾。子路是个很直率的人，他说："以前我听老师说过，对那些干了坏事的人，君子最好躲得远远的。现在佛肸在他的地盘上宣布独立，这就是谋反哪。可您还要到他那里去，这是为什么呢？”孔子说：“对，你记性真好，我是这么说过。你看那钻石，怎么磨也不会破；你看那白玉，放在污水里也染不黑。你以为老师我就是个挂在藤蔓上的老葫芦瓜，中看不中用么？”

孔子说这番话的时候，我猜他心里有很多的滋味在：想我孔丘博大精深，雄才无敌，即使给我整个天下，我治理起来也会“如烹小鲜”。但我始终不曾得意过：在鲁国，我虽身居司寇却不能奈何季氏三家的专权跋扈，不得不背井离乡去国远游；在卫国、蔡国、陈国、宋国，我或被拒之门外，或被礼貌安排坐着冷板凳，从来没有人真正信任过我，真正尊重过我，真正采纳过我的政治主张。如今佛肸请我，即使这个人不咋样，中牟地盘也忒小，但毕竟是个机会。现在我虽名气很大，却没有地方肯实行我的主义。人人都认为我只是个会说不会做、中看不中用的摆设，就像是过了季没摘的葫芦。子路我的好学生，你记得我说过不要接近做坏事的人，可你是只知其一不知其二。我是谁？一个佛肸难道能改变我吗？你何曾听说过钻石被磨碎了？白玉被染黑了？你怎么就不会想到我去了可以改变佛肸，可以在那里恢复周礼，使天下归仁，可以实现我们的梦想呢？上次费国的首脑公山弗扰因准备抗击季家的围剿而孤军备战之时，急邀我去，也是你跟我急眼了，说什么也不让去。我当时跟你说，“如有用我者，吾其为东周乎！”

春秋时代，周天子早已丧失了威权。各国诸侯今天你算计我，明天我算计他。大家都在忙着扩充地盘，搞资产重组，实用主义哲学大行其道，像苏秦、张仪这种政治掮（qián）客很吃香。楚国头疼了，他只要止疼片；秦国肚子长了瘤子，他只想着做手术割了去。谁还肯花时间吃草药调阴阳固本培元呢？孔子这一套主义，正是中药的处方，是慢火的功夫，没有几个疗程，是见不到效果的。所以，他四处碰壁，是自然的。孔子的伟大之处，不在于他的政治主张和政治实践，而在于他的哲学思想、教育思想、伦理道德思想以及文化传承实践。

治印后记

与喜田兄相识十有余年，获益良多，相见恨晚。兄勤于治学，时有灼见妙识；余则略通金石书画，尝于秦玺汉印、碑版尺牍、水墨丹青中流连。每与兄把酒临风，品茗论道，海阔天空，快何如之。乙酉丙戌间，余潜心锲成《三十六计》、《般若波罗蜜多心经》等系列铜印，兄见而激赏，勉励有嘉，为之延誉。时值兄《君子之道》腹稿酝酿已久，呼之欲出，见余制作，顿生灵感，力邀联袂，将“君子之道”精粹语录，镌刻成印，以求珠联璧合相得益彰之效果。

余既承兄重托，不敢懈怠，遂以三十年之所学，倾力创作。从印式、章法，到运笔、行刀，无不尽倾心血，构思运筹。因兄鼓励，此次选材另辟“瓷”径。其间虽困难重重，屡遇挫折，然天道酬勤，竟有意外收获。瓷印坯在烧制前，质地松绵，不能钤印，无法检其效果。而其烧制后则坚硬如铁，不可受刀。若有纰漏，绝无补救之途。如此一锤定音之创作，对任何篆刻家而言，均属巨大挑战。

苦心经营，两易寒暑。庚寅春初，百余枚“君子”瓷印新鲜出窑。其形或圆或方，其文或阴或阳，其质温润如玉，其态朴实安详，颇具君子之风。喜田兄见之，如获至宝。称有“吉金之遗韵，砖瓦之古风”。今得与兄之大著一并问世，幸何如之！不当处，尚祈方家赐教指正。

郑万永先生、刘家良先生为瓷印提供坯料并烧制完成，谨在此深表谢意。

王少杰

辛卯暮春识于津沽